図解 即 戦力 豊富な図解と丁寧な解説で、知識0でもわかりやすい！

ブロックチェーンの

しくみと開発が
しっかりわかる
教科書

これ1冊で

コンセンサス・ベイス株式会社 著

JN228791

技術評論社

はじめに

　日々のニュースや、新聞・雑誌などでよく目にする「ブロックチェーン」は、「インターネット以来の革命的な技術」とも言われ、注目されています。しかし、これを自分の言葉で説明できるエンジニア・ビジネスパーソンは多くはないのではないでしょうか。

　さらにブロックチェーン自体もまだまだ発展途上の技術で、幅広く使われているイーサリアムでさえ、今後多くのバージョンアップを予定しています。業界に身をおいている筆者でも、1ヶ月間技術動向を追わなかっただけで、最新情報から取り残されてしまうのです。そして、最新技術動向にキャッチアップするためには、基礎的なブロックチェーンの仕組みの理解が欠かせません。

　本書は、ブロックチェーン技術に興味を持ったエンジニアや、その仕組みを学び、自分の仕事に活かしたいビジネスパーソンを対象にして、ブロックチェーンのコア技術とネットワーク維持の仕組みを平易な言葉で解説しています。この本を読んだうえで、実際にコードを書くような専門書、ブロックチェーンビジネスの解説書を読むことで、理解度が飛躍的に高まるでしょう。

　本書の執筆に協力してくださった、一山宗太郎さん、姫田樹さん、柳原健志さん、濵田行徳さん、および技術面でアドバイスをくださった加嵜長門さんに、この場を借りてお礼申し上げます。ご協力ありがとうございました。

2019年8月8日　著者

はじめにお読みください

　本書に記載された内容は、情報の提供のみを目的としています。したがって、本書を用いた運用は、必ずお客様自身の責任と判断によって行ってください。これらの情報の運用の結果について、技術評論社および著者はいかなる責任も負いません。

　本書記載の内容は、第1刷発行時のものを掲載しています。そのため、ご利用時には変更されている場合もあります。また、ソフトウェアはバージョンアップされることがあり、本書の説明とは機能や画面が異なってしまうこともあります。

　以上の注意事項をご承諾いただいた上で、本書をご利用願います。これらの注意事項をお読みいただかずにお問い合わせいただいても、技術評論社および著者は対処できません。あらかじめ、ご承知おきください。

1章
ブロックチェーンの基礎知識

1 ブロックチェーンとは何か …… 10

2 ブロックチェーンの特徴 …… 15

3 ブロックチェーンの歴史 …… 20

4 プライベートチェーン …… 24

5 パブリック・プライベートチェーンの開発方法の違い …… 28

6 ブロックチェーンの活用事例 …… 32

2章
ビットコインブロックチェーンの仕組み

7 ビットコインの動作 …… 38

8 P2P ネットワーク
〜中央管理者のない分散環境のメリット …… 43

9 トランザクション
〜取引履歴によって通貨を表現 …… 47

10 ブロック
〜取引が記録されたデータの塊 …… 52

11 ビットコインマイニング
〜ビットコインに価値が生まれる理由 …… 58

12 コンセンサスとフォーク
〜 P2P における合意形成の仕組み …… 65

13 マイニングプールとクラウドマイニング …… 71

14 オーファンブロック
〜チェーンから外れた孤立ブロック 76
15 フルノードと軽量クライアント 81

3章
ビットコインブロックチェーンを支えるコア技術

16 ビットコインネットワーク 86

17 トランザクションとブロックの伝播 90

18 メモリープールとペンディングトランザクション 95

19 公開鍵暗号方式
〜分散環境でセキュリティを担保するコア技術 98

20 デジタル署名
〜データが改ざんされていないことを保証する 102

21 ハッシュ関数
〜元のデータを再現できない特徴を活用 108

22 ビザンチン将軍問題
〜偽の情報伝達の問題と対策 114

23 reorg
〜チェーンを正当な状態に再編成 120

24 データベースとしてのブロックチェーン 123

25 電子マネーと仮想通貨は何が違うのか 128

4章
ブロックチェーンを支える周辺技術

26 ホットウォレットとコールドウォレット ⋯⋯⋯ 136

27 マルチシグ
〜複数の署名でセキュリティ向上 ⋯⋯⋯ 141

28 UTXO とアカウントモデル
〜残高管理の仕組みとメリット・デメリット ⋯⋯⋯ 149

29 PoW (Proof of Work)
〜ビットコインのセキュリティを高める仕組み ⋯⋯⋯ 154

30 PoS (Proof of Stake) ⋯⋯⋯ 158

31 BFT
〜合意形成を行う仕組み ⋯⋯⋯ 163

32 サイドチェーン
〜ブロックチェーンの機能を拡張する技術 ⋯⋯⋯ 168

5章
スマートコントラクトとDApps

33 スマートコントラクトとは
〜分散ネットワーク上での契約締結・自動執行 ⋯⋯⋯ 174

34 分散型アプリケーションとDApps ブラウザー ⋯⋯⋯ 180

35 イーサリアムとEnterprise Ethereum ⋯⋯⋯ 184

36 EOS
〜イーサリアムの対抗プラットフォーム ⋯⋯⋯ 189

37 Hyperledger Fabric とCorda ⋯⋯⋯ 195

38 オラクル
〜現実世界の情報をブロックチェーンに提供 ⋯⋯⋯ 202

39 スマートコントラクトの応用例 ⋯⋯⋯ 208

6章
ブロックチェーンの技術的課題

40 スケーラビリティ
〜チェーンの負担と拡張性の問題 ………………………………… 216

41 Lightning Network
〜ビットコインのスケーラビリティを解決 …………………… 221

42 Raiden Network と Plasma
〜イーサリアムのスケーラビリティを解決 …………………… 224

43 Casper と Sharding
〜その他のスケーラビリティ解決技術 ………………………… 226

44 匿名性
〜取引履歴をすべて追跡できる問題 …………………………… 232

45 51% 攻撃
〜計算能力の過半を支配することによる弊害 ………………… 236

46 シビルアタック
〜多数決による合意の危険性 …………………………………… 241

47 Block Withholding Attack
〜最長チェーンを隠して不正取引をもくろむ ………………… 244

48 Nothing at Stake
〜「何も賭けていない」ことによる問題 ……………………… 247

7章
ブロックチェーンの最新動向

49 クロスチェーン
〜相互運用性を実現する最新技術 ⋯⋯⋯⋯⋯⋯⋯⋯⋯ 250

50 ブロックチェーンゲーム
〜ゲーム分野へのブロックチェーン応用 ⋯⋯⋯⋯⋯⋯ 256

51 ステーブルコイン
〜価格を安定させ、利便性を高めた通貨 ⋯⋯⋯⋯⋯⋯ 261

52 ICO と STO
〜仮想通貨発行による資金調達 ⋯⋯⋯⋯⋯⋯⋯⋯⋯⋯ 266

53 トークンエコノミー
〜トークンを介した新たな経済圏の創出 ⋯⋯⋯⋯⋯⋯ 272

54 ブロックチェーン学習の手引き ⋯⋯⋯⋯⋯⋯⋯⋯⋯ 278

索引 ⋯⋯⋯⋯⋯⋯⋯⋯⋯⋯⋯⋯⋯⋯⋯⋯⋯⋯⋯⋯⋯⋯⋯⋯ 284

1章

ブロックチェーンの基礎知識

「インターネット以来の革命」といわれるブロックチェーンは、社会の枠組みを根底から変えてしまう可能性を秘めた技術です。では、ブロックチェーンとは一体何なのでしょうか？まずはその全体像を掴むべく、最低限知っておきたい基本的な知識を解説していきます。

01 ブロックチェーンとは何か

「インターネット以来の革命」と称されることもあるブロックチェーン。今なぜ、これほどまでの注目を集めているのでしょうか。ブロックチェーン技術とは一体何なのか、どのような部分が革命的なのか、まずはその概要を理解しましょう。

● ひとことでいうと「取引履歴をまとめた台帳」

　ブロックチェーンとは「**過去に行われたすべての取引データが、ブロックごとにまとめられ、各ブロックが1本の鎖のようにつながった分散型のデータベース（台帳）**」のことです。

　このデータベース（台帳）は、ネットワーク上に多数存在する世界中のコンピューターが検証し、まったく同じものを共有しており、誰でもその台帳を参照することができます。また、ブロックチェーンの1つのブロックには、前のブロックによって決まる部分が含まれており、それが鎖状につながってデータベースを構成しています。仮に悪意ある第三者が、過去の取引データの一部を改変すると、次のブロックとの整合性がつかなくなってしまいます。つまり、すぐにデータの改ざんを検知することが可能です。加えて新しいブロックをつなげるには大きな計算能力が必要となるため、実質的にデータを改ざんすることが難しくなっています。

■ ビットコインのブロックチェーンのイメージ

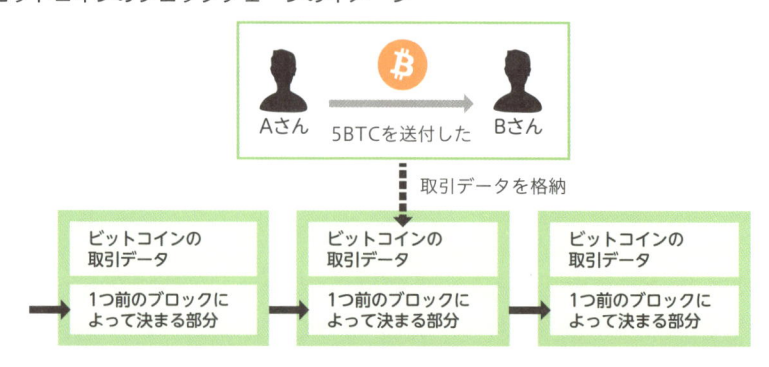

● ブロックチェーン≠ビットコイン

まず混同しないように注意したいのが、**ブロックチェーンとビットコインは同じものではない**ということです。ブロックチェーンとは、ビットコインなどの仮想通貨を実現するための基盤技術のことです。ビットコインのブロックチェーンでは、新しい取引の記録はデータの塊（ブロック）として約10分に1回、チェーンの先端に記録されていきます。過去の取引がすべてチェーン（鎖）としてつながっているため、1本のブロックチェーンを読み出すことで、どのアドレスが、いくらのビットコインを所有しているか、確認することができるのです。

● 定義は一定ではなく、さまざまなブロックチェーンが存在する

2019年現在、世の中にはビットコインのブロックチェーン以外にもさまざまな仕様のブロックチェーンが登場しています。そのため、ブロックチェーンとは何か？の厳密な定義は少々難しく、その言葉が指すものには幅があります。ここでは、一般にパブリックチェーンと呼ばれるものには、どのような特徴があるかを見ていきましょう。

- ・不特定多数の参加者がいるネットワーク上で、中央銀行のような信頼できる第三者がなくても、データの合意が得られる（トラストレスと呼ばれる）
- ・デジタル署名やハッシュ関数といった暗号技術により、取引データを改ざんするとすぐバレてしまうため、実質的に不正を行うことができない
- ・特定のサーバーではなく、ネットワーク上に分散した多数のコンピューターが、同一の計算・検証をして、同一のデータ（台帳）を保持している
- ・分散化により、システム全体がダウンする可能性が極めて低く、かつデータの同一性が保証されている

● 社会的な注目度の大きさ

　大手監査法人・経営コンサルティング会社であるPwC（Pricewaterhouse Coopers）は、2018年、世界の主要企業の経営幹部600名に対して、ブロックチェーンに関するアンケート調査を実施しました。この調査によると、回答者の79％が、ブロックチェーン技術に何らかの形で過去に取り組んだと述べています。また、IT調査会社ガートナー社は、ブロックチェーン技術は2030年までに、年間3兆米ドル（330兆円）の事業価値を生み出すと発表しています。同年までに、世界経済のインフラの10％〜20％がブロックチェーン上で稼働すると見込まれています。

　2017年から2018年にかけて仮想通貨に対する個人の投資が盛り上がりましたが、その基盤技術であるブロックチェーンに対する企業の取り組みは、水面下で非常に活発になっており、かつ現在でもその勢いが継続しているのです。

■ ブロックチェーンの導入について企業はどの程度進んでいるのか？

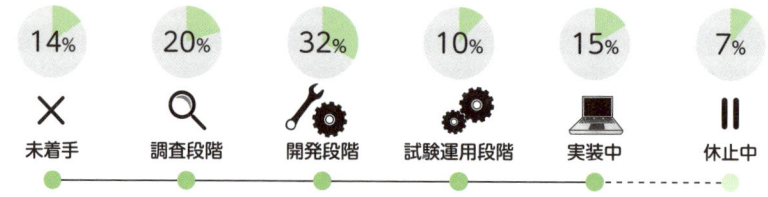

注：数字は四捨五入されている（四捨五入のため合計は100％とはならない）　　回答数：600

● 単なる仮想通貨を超える技術である

　仮想通貨の代表的存在であるビットコインによって、ブロックチェーン技術が脚光を浴びるようになりましたが、現在その利用範囲は仮想通貨だけにとどまりません。例として、今後は次のような分野でブロックチェーンの活用が期待されています。

● 複数企業間での業務プロセスの共有

　ブロックチェーンの本質は、「台帳の共有」（ビットコインでいえば、取引記録が記載された台帳を指す）です。この特徴を生かして、**複数の関連企業間でブロックチェーンを使ってデータを即時共有する取り組み**が進められています。例として挙げられるのが、国をまたいだ貿易取引において、プロセスの透明化・共通化のため貿易書類（信用状、保険証券、船荷証券など）を改ざん不可能な形で即時に共有する取り組みです。これまで、国をまたいだ貿易取引を、初めての取引相手と行う場合、お互いの取引銀行を間にはさんで、非常に煩雑な貿易書類のやり取りが行われていました。これらの書類は、すべて紙ベースで印鑑を押して郵送されており、長い時間がかかっていました。このやり取りが、複数の企業がアクセスするブロックチェーン上の共通台帳上で行われることで、セキュリティも向上します。2017年にこの取り組みを行ったみずほ銀行では、従来数日かかっていた貿易取引の処理が2時間で完結した、と発表しました。みずほ銀行以外にも、このような取り組みは世界の大手商社・金融機関などがこぞって取り組んでいます。ブロックチェーンにおける主要なユースケースとして、大きく期待されています。

■ 貿易取引における書類のやり取りが大幅に短縮化

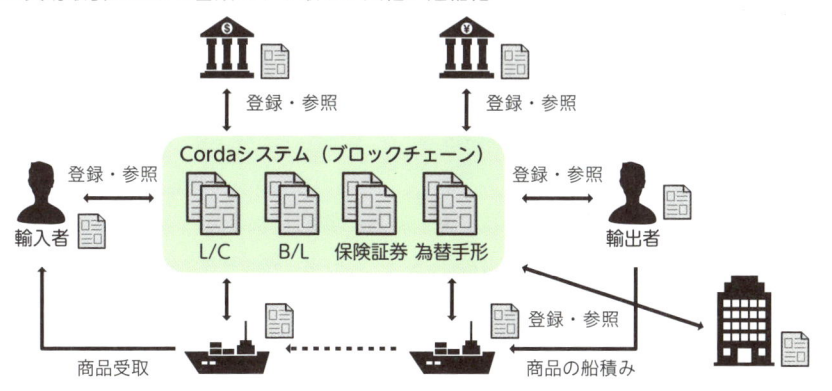

L/C：Letter of Credit：信用状（銀行が、取引先企業の信用力を保証する書類）
B/L：Bill of Landing：船荷証券（船会社が商品を預かった際に発行する証券。
　　　これを提示することで、輸入者は商品を受け取ることができる）

◉ 投票、合意、政治

「すべての取引履歴がオープンであり、かつ改ざんが困難な形で保存される」というブロックチェーンの性質は、**選挙結果や公文書など、誰にでも閲覧と検証が可能で、かつ絶対に改ざんが許されない性質のデータを扱う用途にも適している**と考えられています。

ブロックチェーンを用いた投票システムができれば、発表される結果に不正のないことが、誰にでも確認可能になります。また、公文書などもいったん保存したら変更が利かないので、後から為政者の都合のよい内容に改ざんされる、というような事態も防ぐことができます。

例えば、2018年のアメリカ中間選挙では、ウェストバージニア州において、一部の有権者がブロックチェーン技術を使ったアプリケーションによって投票を行いました。まだ技術的な課題もあり、すべての有権者の投票をブロックチェーンに置き換えることはできないものの、ブロックチェーンの仮想通貨以外への応用という意味では、重要な一歩であるといえるでしょう。

まとめ

- ▶ ブロックチェーンは取引記録をまとめた台帳で不特定多数の参加者が分散管理する
- ▶ ブロックチェーンは当初、ビットコインを実現するための技術として発表された
- ▶ 仮想通貨としての用途以外にも利用でき、応用可能性に注目が高まっている

02 ブロックチェーンの特徴

ブロックチェーンのどのような部分が革命的なのでしょうか。これまで主流であった中央集権型のシステムと非中央集権型システムであるブロックチェーンを比較して、その特徴について理解しましょう。

● 管理者となる中央機関が存在しない

　これまでは、「誰が参加しているかわからないインターネット上で」「お金のやり取りを」「信頼できる仲介者なしに直接行う」ことは、極めて難しいと考えられてきました。そのため、政府や中央銀行であったり、民間の銀行、クレジットカード会社など「信頼できる管理者（中央管理者）」のサーバー上にデータや個人情報を預け、彼らがお金のやり取りを仲介していました。彼らが、支払うための残高が存在することや、二重払いなどの不正がないことを保証しており、これによりオンラインでの決済サービスが成り立っていたのです。

　ところが、ブロックチェーン（および仮想通貨）を使用すると、その参加者たちが取引の正当性を検証してくれます。これにより政府や中央銀行、民間企業を信頼して情報や判断を委ねる必要がなくなり、中央管理者が不要となります。つまり、誰かを信用して権限を渡したり管理を任せる必要がなくなり、ブロックチェーンとその参加者のみで、信用を担保することができるようになりました。これは、ブロックチェーンの特徴の1つとして、「**トラストレス（＝第三者を信用する必要がない）**」と呼ばれています。

■ 従来の取引では政府や中央銀行の仲介と保証が必要

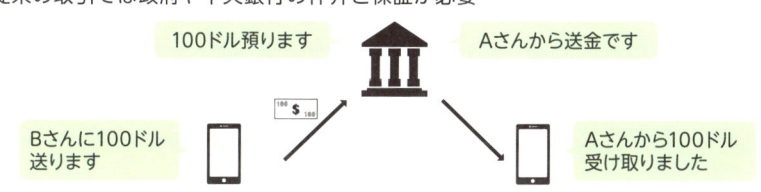

100ドル預ります　　　　Aさんから送金です

Bさんに100ドル送ります

Aさんから100ドル受け取りました

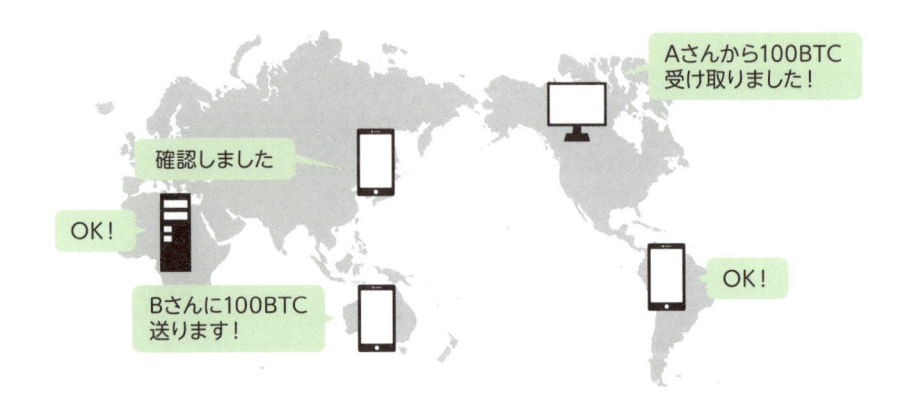

　このブロックチェーンの特徴がもたらすインパクトは、下記に引用したヴィタリック・ブテリン（Vitalik Buterin、主要ブロックチェーンであるイーサリアム発明者）の言葉がわかりやすいでしょう。

"Whereas most technologies tend to automate workers on the periphery doing menial tasks, blockchains automate away the center. Instead of putting the taxi driver out of a job, blockchain puts Uber out of a job and lets the taxi drivers work with the customer directly." —Vitalik Buterin, co-founder Ethereum and Bitcoin Magazine

　「ほとんどのテクノロジーは末端の仕事を自動化するものですが、**ブロックチェーンは中央の仕事を自動化して無くしてしまうものです**。ブロックチェーンはタクシードライバーの仕事を奪うのではなく、乗客とドライバーを直接結びつけて、それを中央で管理していたUberを不要にするものです」（著者訳）

● 分散されたコンピューターにより運営され、止まることがない

パブリックブロックチェーンは多数のネットワーク参加者のコンピューター内で同一のデータが保持されています。そのため、サーバーダウンによるシステム停止が起こりにくいとされています。ネットワークに参加するノード（コンピューター）がすべて同時に停止しない限りは稼働し続ける、**可用性の高い仕組み**になっています。

● 改ざんが極めて困難

ブロックチェーンに書き込まれたデータは、基本的に後から編集したり、改ざんすることができません。これを説明するのに、少しだけブロックチェーンの技術的な話に触れます（詳しい仕様などは2章以降で解説します）。

ブロックチェーンには、そのチェーンが作られてから現在に至るまでに成立したすべての取引が記録されており、その内容は誰でも見ることができます。ブロックチェーン上で行われたすべての取引は、一定期間ごと（ビットコインであれば約10分ごと）に「ブロック」と呼ばれる塊として記録・保存されます。

取引をまとめて新たなブロックを生成する作業はマイニング（採掘）やバリデーティング（検証）などと呼ばれ、管理者のいないブロックチェーンを維持するための重要な役割を担っています。そのため、マイニングを行った参加者はネットワークへの貢献に対する報酬として仮想通貨を受け取ることができます。

■ 以前のブロックのデータを引き継ぎ、鎖のようにブロックを連ねる

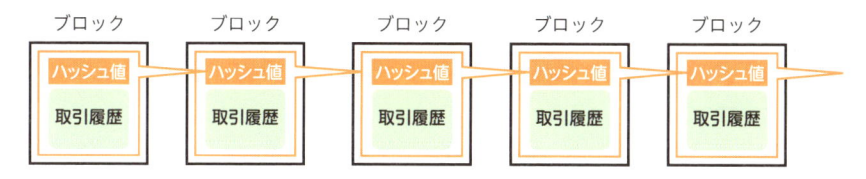

この際、新たなブロックには、それまでのブロックに保存されているデータを凝縮したダイジェスト版のようなものが保存されます（これはハッシュ値と

呼ばれていますが、詳しくは第3章で説明します）。

　新しいブロックに、これまでの全ブロックの記録のダイジェスト版を含むようにしておけば、誰かが勝手に過去の記録の一部を改ざんしたとしても、その後のブロックとの整合性が取れなくなりますから、すぐに不正を発見することが可能です。

　ここまで聞くと、改ざんしたところから後のすべてのブロックを書き替えてしまえばよいと考える方もいるでしょう。しかし実際には、世界中の多数のコンピューターが、自身の計算能力を使って競い合いながら新しいブロックの生成を行っているため、悪意ある1人、または1つのグループのコンピューターの計算能力でブロックを生成していってもスピードが間に合わず、**実質的にすべての取引記録を書き替えることは難しい**といえます。

　このように、過去すべてのブロックの取引記録のダイジェスト版を保管したり、世界中のコンピューターが競い合いながら計算してブロックを生成する仕組みによって、ブロックチェーンを改ざんすることは非常に困難になっているのです。

■ 通常であれば、単独でチェーンを伸ばし続けることは困難

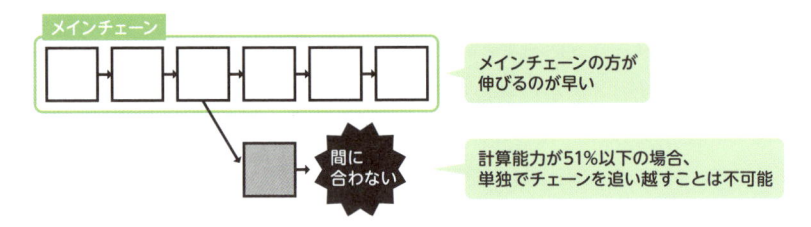

■ 51％以上の計算能力を持つと、ネットワークを攻撃可能

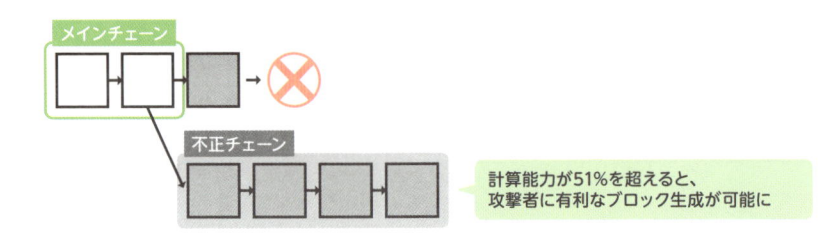

不正取引を行うには、ビットコインのような計算能力で改ざんを防ぐ仕組みの場合、ネットワーク全体の51％以上の計算能力が必要になります。ブロックチェーンは世界中のコンピューターが参加しているので、このハードルは相当に高いものです（詳しくは第6章で解説します）。

　さらに、仮にそれだけの計算能力を用意できた場合、その処理能力を使ってブロックチェーンの運営に貢献すれば、報酬として仮想通貨を得ることができます。そうなると普通にネットワークを維持したほうが儲かるため、わざわざ不正行為をする意味がなくなります。

　つまり、仮に悪事を働くだけの計算能力を得たとしても、結果的に正しい振る舞いをしたほうが得をする＝**不正行為をする経済的インセンティブがなくなるように設計**されているのです。

まとめ

▶ **ビットコインのブロックチェーンには中央銀行や政府などの管理者は存在しない**

▶ **ネットワーク上で分散されており、システム停止が起こりにくく改ざんも困難**

03 ブロックチェーンの歴史

ビットコインから始まったブロックチェーンですが、現在では仮想通貨だけにとどまらず、さまざまな目的・種類のものが開発されています。この章では、ブロックチェーンが誕生してから今日までにたどった発展の歴史について簡単に触れておきましょう。

● ビットコインのブロックチェーン

　世界で初めてのブロックチェーンは、ご存じの通りビットコインのものです。ビットコインは、第三者を信頼せずとも価値を移動できるデジタル通貨を実現することを目指したもので、その始まりは「**サトシ・ナカモト**」と名乗る人物が2008年に発表した論文です。実際の運用は、翌2009年に始まっています。これまで多くの人が「自分がサトシ・ナカモトだ」と名乗り出ており、そのたび世間を賑わせますが、誰が本当の「サトシ・ナカモト」なのか、1人なのか複数名であるのかはいまだにわかっていません。

　この当時はブロックチェーンや仮想通貨といえばビットコインしか存在しなかったため、今でも"The Blockchain"といえばビットコインのブロックチェーンのことを指します。

● 派生形であるアルトコイン（Altcoin）

　やがてビットコインのブロックチェーンを元に、アルトコイン（オルトコインとも呼ばれる）と呼ばれる派生系のコインが登場し始めました。

　当初はビットコインのソフトウェアをベースにして、計算アルゴリズムやブロックサイズなどのパラメータを変更しただけのものが多く作られました。ライトコインやドージコインなどがこれにあたります。後にはより複雑な仕組みとして、ビットコインのトランザクションのメッセージ領域に特定のデータを書き込み、ビットコインのチェーン上にデータを乗せる形で運用されるコインが作られました。これらの代表例はOmni（旧名Mastercoin）、Counterpartyです。

■ビットコインを元に作られたアルトコインの例

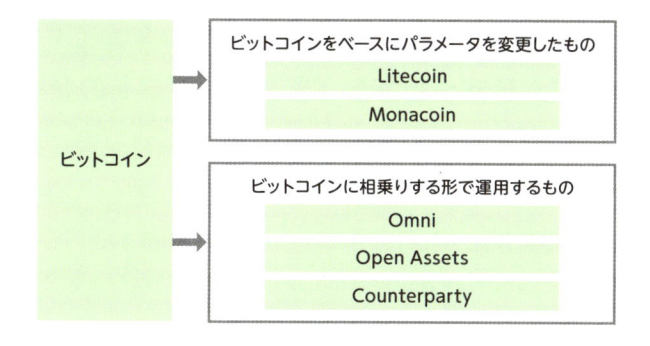

● イーサリアムの登場

　その後、ブロックチェーンを仮想通貨のためだけに用いるのではなく、さまざまな機能を持たせてほかの分野にも応用しようとする動きが起こります。

　その中でもっとも重大なインパクトをもたらしたのがイーサリアムです。イーサリアムはそのチェーンの上で**より複雑なアプリケーションを開発できるプラットフォーム**として設計された画期的なもので、ブロックチェーンの応用可能性を一気に広げました。

　イーサリアム以前のブロックチェーンプラットフォームは、ビットコインのブロックチェーンを使って特定のアプリケーションを実現しようとするものでしたが、イーサリアムは、開発者が複雑なアプリケーションを開発し、実行できる汎用プラットフォーム機能を実現しました。イーサリアム上のプログラムは、ビットコインとは異なり、ループ処理などが実現できるチューリング完全なプログラミング言語（Solidityなど）で記述され、複雑な処理が実行可能です。この特徴からイーサリアムはしばしば、「ワールドコンピューター」と表現されます。

　イーサリアムのチェーン上で実行されるプログラムは**コントラクト**と呼ばれ、送金や預け入れなど決済手段としての処理はもちろんのこと、ストレージサービスやゲームなど金融以外の分野のアプリケーションも開発が進められています。

　このようなブロックチェーン上で稼働するアプリケーションを、特にDApps

（Decentralized Applications、分散アプリケーション）と呼びます。

⬤ イーサリアムを使ったさまざまなプロダクトの登場

さらに、イーサリアムの機能を利用することで、自分で独自のブロックチェーンを開発・実装することなく、**イーサリアムのブロックチェーン上でオリジナルの仮想通貨を簡単に作成・発行**できるようになりました。

これにより、新たな仮想通貨が爆発的に増えることになりました。ブロックチェーンで何か新しいプロダクトを作る場合、ほとんどの場合はイーサリアムを利用して行われるようになっていきました。

イーサリアム上で運用されているプロダクトの代表例として、分散型予測市場の Augur や Gnosis、IDEX や Kyber などの分散取引所、CryptoKitties や My Crypto Heroes などの DApps ゲームなどがあります。

■ ブロックチェーンの活用変遷

● パブリックチェーンとプライベートチェーン

ここまで説明したビットコインやイーサリアムは、誰でも参加できる（パブリックな）ブロックチェーンでした。その後、**プライベートチェーン**と呼ばれる、参加者が許可制（パーミッション型）になっているブロックチェーンが登場します。

プライベートチェーンは、ブロックチェーンの定義にしばしば含まれる「不特定多数の信頼できない参加者がいるネットワーク上で、中央管理者なしに信頼に足る合意が得られる」という要素がないので、ブロックチェーンではなく「分散台帳技術」と呼ぶべきとの声もあります。しかし、本書ではいったんそれらも含めてブロックチェーンと呼称します。

ビットコインやイーサリアムのように、誰でもそれらのネットワークに参加できるものはパブリック型です。逆に、企業間のコンソーシアムなど特定の参加者のみによって運営されるブロックチェーンをプライベートチェーンと呼びます。プライベートチェーンの例としてはHyperledger Fabric、R3社のCordaなどがあります。

まとめ

▶ **ビットコインにおいて初めてブロックチェーンが実装され、運用が始まった**

▶ **やがてアルトコインと呼ばれるビットコインのコピーや派生プロダクトが生まれた**

▶ **イーサリアムの登場により、仮想通貨以外の分野への応用が一気に加速した**

04 プライベートチェーン

パブリックチェーンとプライベートチェーンではまったく異なった特徴があります。ここでは、パブリック、プライベート、コンソーシアムと呼ばれる3種類のチェーンについてまとめています。

● パブリックチェーンとプライベートチェーン

パブリックチェーンはビットコインなどに代表される、誰もが自由に参加可能な開かれたチェーンです。行われる取引はすべて公開され、ネットワーク全体で合意した唯一の取引履歴を持ちます。パブリックチェーンでは参加者が必ずしも正しい振る舞いをするとは限らず、悪意を持って不正行為を働こうとする者が参加してしまう可能性があります。

そのような信頼できない参加者がいても問題なくネットワークが稼働し、正常に取引が行われるように、取引が正当なものか検証し合意する作業が必要となります。この際、正しい合意形成に貢献した参加者には報酬として仮想通貨が支払われるようにしておくことで、信頼できない参加者がいる不特定多数のネットワークを正常に維持することができます。

■ パブリックチェーンとプライベートチェーンの違い

パブリックチェーン
・世界中の誰でも、自由に参加可能
・管理者はおらずすべての参加者が対等

プライベートチェーン
管理者の許可した参加者だけで構成
管理者
許可のない場合
参加不可能

一方、あらかじめ選ばれた参加者のみで運営されるプライベートチェーンでは、このような合意形成の作業は必要ありません。少数の参加者で短時間のうちに取引を承認することが可能で、手数料も不要です。プライベートチェーンは企業など特定の団体が管理しているチェーンで、基本的に参加できるのは事前に承認された関係者のみとなります。

● プライベートチェーンのメリット

　プライベートチェーンでは、管理者がチェーンの仕様を自由に決めることができます。パブリックチェーンで仕様変更を行うには、不特定多数のマイナーや開発者の間で合意を得る必要があり、非常に手間がかかりますが、プライベートチェーンではあらかじめ許可された参加者のみで運営されているため合意を得ることも容易です。

　参加者やチェーンの公開範囲などは管理者が自由に設定でき、許可されたコンピューターのみが参加し、自分たちのためだけに運営するため、ブロック生成時の報酬のような**経済的インセンティブがなくともチェーンを維持することが可能**です。

　プライベートチェーンの場合、参加者が不正をしない前提で選ばれていることが多く、パブリックチェーンほどの厳密な検証や合意形成は必要ありません。そのため、限られた少数の参加者で素早く取引を承認し、高速に処理することが可能です。

　管理者の権限で参加者を選べるため、チェーンに記録された情報のコントロールが可能になります。全世界にすべての取引履歴が公開されるパブリックチェーンでは扱えない**秘匿性の高い情報も、プライベートチェーンなら記録しておけます**。

● プライベートチェーンのデメリット

　少数の参加者のみによって取引の検証、合意がなされるため、大規模なネットワーク全体で合意形成するパブリックチェーンに比べるとデータの信頼性には疑問が残ります。また、中央管理者が存在することになるため、データを検

閲し気に入らない取引を排除してしまうような操作もパブリックチェーンに比べると容易に行うことができてしまいます。

　プライベートチェーンの場合は、企業などチェーンの運営主体の信頼度が通貨の価値に大きく影響します。そのため、もともと知名度、信頼度がある大企業や公的機関でもない限り、プライベートチェーンで独自に仮想通貨を発行してそれ自体に価値を生じさせることは難しいでしょう。

　管理者がいたり、ネットワーク全体での合意形成を行わないことがあるプライベートチェーンは、単なる分散データベースにすぎないとする意見があり、そもそものプライベートチェーンの存在や使い道が疑問視されることもあります。

● コンソーシアムチェーン

　コンソーシアムチェーンはプライベートチェーンの複数者間バージョンとでもいうべきもので、主に同じ業界の企業連合などの団体で共同運用されるチェーンです。プライベートチェーン同様、あらかじめ決められた参加者のみがネットワークを構築します。

■ プライベートチェーンとコンソーシアムチェーンの違い

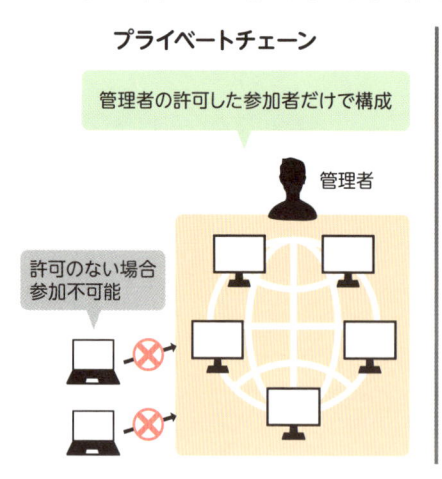
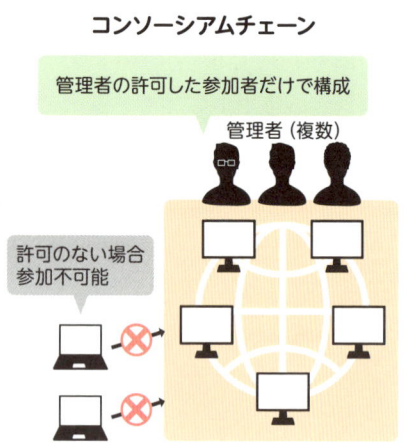

■ パブリック、コンソーシアム、プライベートチェーンの分類図

	パブリック	プライベート	コンソーシアム
管理者	なし	あり（単独）	あり（複数）
参加者	不特定多数	運営 組織内のみ	許可された複数の参加者のみ
合意形成	独自の合意形成ルールに従う	運営者が承認	運営者グループが承認
代表的なブロックチェーン	Bitcoin、イーサリアムなど	Hyperledger Fabric、Cordaなど	

まとめ

▶ プライベートチェーンは、特定の参加者のみの間で運用される

▶ ブロック生成時の報酬が不要で、取引の処理を高速に行える

▶ 取引履歴が公開されないため、秘匿性の高い情報を扱える

05 パブリック・プライベートチェーンの開発方法の違い

パブリックチェーンの開発が主に開発者コミュニティ中心で行われているのに対し、プライベートチェーンは特定の会社が中心になって開発されています。主要なブロックチェーンを例に、開発方法の違いを見てみましょう。

● ビットコインの開発方法

　ビットコインは2010年にサトシ・ナカモトの手を離れ、大勢の参加者によって開発が進められてきました。マイニングや取引に必要なソフトウェア「**Bitcoin Core**」は誰でも自由にダウンロードしたり、改善の提案をしたりすることができます。その改善案のことを **BIP（Bitcoin Improvement Proposal）** といいます。BIPは、ビットコインのコミュニティに情報を提供したり、ビットコインの新しい機能、仕様、環境を説明したりする文書です。BIPを作成するには、まず新しいアイデアをコミュニティに公開して、過去の議論と重複がないことを確認した上で、ほかの人の意見を参考にして、追加・改善を行う必要があります。このBIPが実際に採用されるためには、以下のようなポイントがあります。

- ・1つのBIPに1つの提案のみが記述され、提案内容の焦点がはっきりしている
- ・事前にメーリングリスト・Wiki・gitリポジトリを作り、議論の呼びかけや情報の集約をする
- ・提案内容が技術的に実現可能で、提案の動機や技術的な根拠がはっきりしている
- ・実装を複雑にしないために、それまでのバージョンと互換性を持つ（後方互換性）

● イーサリアムの開発方法

　途中でビットコインの開発・運用を離れたサトシ・ナカモトと異なり、イーサリアムを提唱したヴィタリック・ブテリン氏は、現在でもコミュニティの中心となって開発をリードしています。イーサリアムもビットコイン同様オープンに開発が進められているので、改善提案 **EIP (Ethereum Improvement Proposal)** が存在し、EIPの中で特にアプリケーションレベルの標準規格として **ERC (Ethereum Request for Comments)** があります。イーサリアムの特徴として、開発者やコミュニティの数がブロックチェーンの中で一番多いことが挙げられます。以下は代表的なイーサリアムのコミュニティやグループです。

- ・イーサリアム財団
  イーサリアムに関係する開発の助成金プログラムや、イーサリアムの年次開発者イベント「Devcon (デブコン)」を主催している
- ・Ethereum Research
  イーサリアムのコア開発者たちが議論する掲示板。ここでイーサリアムの方向性が決まることもある
- ・ConsenSys
  イーサリアムベースの分散型ソフトウェアサービスやアプリケーションを開発しているスタートアップ

■ ビットコインとイーサリアムの開発方法

	ビットコイン	イーサリアム
提唱者	サトシ・ナカモト	ヴィタリック・ブテリン
コア開発者数*	約50人	約200人
議論されている技術トピック (例)	・Lightning Network ・シュノア署名	・Plasma ・Casper ・Sharding

*月に1回は関係するコードを実装する開発者の人数を指します。この実装内容には、コアプロトコル、SDKs (Software Development Kit)、wallets、website、api (application programming interface) docs が含まれます (出所：Electric Capital Dev Report, March 2019)。

● 金融業界向けブロックチェーン：Corda

CordaはアメリカのスタートアップR3社が中心となり、200を越すテクノロジー企業が協働して開発を進めているプライベートチェーンです。オープンソースのバージョンもあるため、誰でもCordaをダウンロードして利用できます。主に企業向けの活用がなされており、多くの企業やコンソーシアムがCordaベースのネットワークを利用しています。また、2019年1月にはそれぞれのネットワークを横断する統合ネットワークとして、Corda Networkのローンチが発表されました。その管理団体として、ネットワーク参加者から投票で選出された人で構成される「Corda Network Foundation」が発足しています。

● エンタープライズ向けブロックチェーン：Hyperledger Project

Hyperledger Projectは、ブロックチェーンの技術をさまざまな用途に利用することを目的として生まれた、オープンソースによってブロックチェーン技術を推進するコミュニティです。このプロジェクトはLinux Foundationが中心となり、たくさんの企業が協力しながら、ブロックチェーン技術の確立を目指しています。コミュニティ内にはさまざまなプロジェクトが存在し、ブロックチェーンフレームワークの開発が行われています。また、各フレームワークを横断する開発ツールも提供されています。

フレームワーク（プラットフォーム）
- Hyperledger Fabric：IBM社主導で開発
- Hyperledger Sawtooth：Intel社主導で開発
- Hyperledger Iroha：ソラミツ社主導で開発

開発ツール
- Hyperledger Composer：IBM社主導で開発
  スマートコントラクトやDApps開発のツールを提供している
- Hyperledger Caliper：Linux Foundation主導
  Hyperledgerのフレームワークのパフォーマンスを計測するツール

● パブリックチェーン、プライベートチェーン開発の違い

パブリックチェーンが開発者コミュニティ中心で合意を取りながら開発・改善が進められていることが多いのに対して、**プライベートチェーンは特定の会社の開発者が中心となって開発が進められている**ことが挙げられます。ただし一概に分けられるわけではなく、イーサリアムには一部のコア開発者（ヴィタリック・ブテリン氏など）に意思決定が集中しているという批判が存在します。

プライベートチェーンのメリットとして、用途に応じてブロックチェーンの設計を容易に変更ができることが挙げられます。「プライバシー情報を取り扱う」、「パブリックチェーンでは実現できない処理スピードが要求される」などのケースで、情報公開の範囲を設定することや、コンセンサス・アルゴリズムを変更することができるため、多くの金融機関や事業会社が実証実験を行っています。

■ パブリックチェーンとプライベートチェーンの開発の違い

	パブリックチェーン	プライベートチェーン
開発主体	開発者コミュニティ中心	特定の会社中心
意思決定スピード	比較的遅い	比較的早い
開発メンバー	自由に参加できる	参加者がある程度限られる*
社会との協働	多くの個人事業主・スタートアップが開発・運用に参加している	大手企業中心に開発・運用が行われている

*オープンソースプロジェクトのため、一般の開発者も参加することは可能です。

まとめ

▷ **パブリックチェーンは、オープンなコミュニティを中心に開発が進められている**

▷ **プライベートチェーンは、特定の企業などが中心となって開発が進められている**

06 ブロックチェーンの 活用事例

デジタル通貨のために生まれたブロックチェーン技術ですが、今ではそれにとどまらず、流通や公共事業などあらゆる分野での応用が期待されています。この章では、ブロックチェーンの活用事例を紹介していきます。

● 仮想通貨

　ビットコインは、ブロックチェーンを利用したデジタル通貨です。ビットコインは史上初めて中央銀行などの管理機関に頼らずに価値を持つ通貨を発行し、独自の経済圏を作り上げることに成功しました。銀行に頼ることなく送金ができ、手数料も低く抑えられているため**P2P送金や決済などの利用**が期待されます。

　スマートフォンなどネットワークに接続可能な端末さえあれば、銀行口座を持たない個人でも送金や預け入れといった金融サービスが利用できるため、既存の金融インフラが行き届いていない発展途上国の人たちの受け皿となる新たな金融インフラとして期待されています。

● サプライチェーンの可視化（トレーサビリティ）

　トレーサビリティとは、商品がいつ、どこで、誰によって作られたのか（生産過程）、およびそれがどのように消費者に届くのか（流通過程）を可視化し、追跡可能にしたものです。これらトレーサビリティの各段階でのデータ保存にブロックチェーンを使用することで、生産過程と流通過程の透明性が確保されます。

　また、「データの改ざんが困難」というブロックチェーンの特徴を生かして、オーガニック食品やブランド品など、真贋が価値に大きく影響を与える商品が確実に正規のルートで生産・流通していることを証明することができます。

■ サプライチェーンの可視化（トレーサビリティ）イメージ

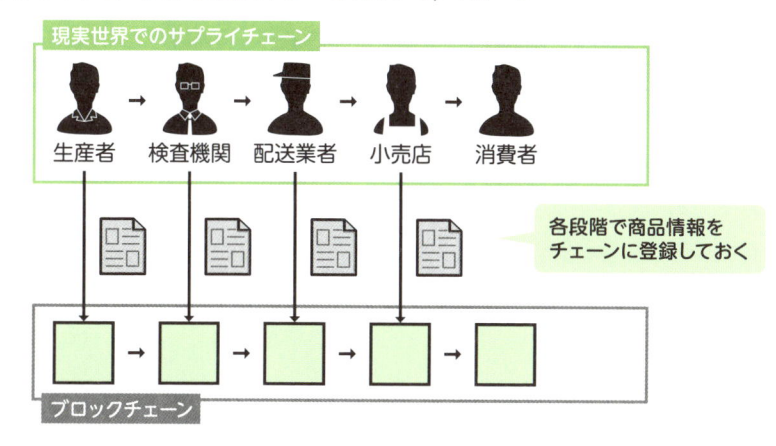

● 文書管理や証明書の発行

　ブロックチェーンは、発行された日時や内容が改ざんされてないことを担保する公的な文書や証明書としても利用されます。

　公的機関の発行する公文書や契約書などをデジタルデータ化してブロックチェーンに保存しておけば、過去のある時点で確実にその書類が存在したことを確認でき、内容も改ざんが困難かつ誰でも見られる形で保存しておくことができます。

　さらに、これらのデータは世界中に分散されたコンピューターによりあらゆる所で保存されるため、悪意ある者が不正にデータを消去して証拠隠滅を図ることができません。またネットワーク上のコンピューターは地理的にも世界中に分散されているため、事故や災害などにより特定のサーバーが破壊されてデータが失われるような心配もありません。

● デジタルコンテンツの著作権、ロイヤリティ管理

　ブロックチェーンは音楽や映像コンテンツ、ゲームなどのデジタルコンテンツの権利、ロイヤリティ管理の分野でも応用され始めています。ロイヤリティとは、特許権や特殊なノウハウを所有しているものに、それらの使用に際しラ

イセンス契約に基づき支払う料金のことです。

　例えば映像やゲームのようなデジタルコンテンツには、シナリオの著者、音楽の作詞・作曲家、プロダクション関係者、ソフトウェア開発者など複数領域にまたがるクリエイターが存在し、それぞれの著作権やロイヤリティの管理が複雑になっています。

　これまでのやり方では、これら関係者間でのロイヤリティの分配や権利関係の管理を行うのは非常に煩雑で時間のかかるものでしたが、あらかじめロイヤリティの分配をブロックチェーン上にプログラミングしておき、それによって支払いや取引履歴の記録が自動処理されるようにしておくことで、**ほぼリアルタイムに取引状況を管理**できるようになります。

　Ernst & Young社とMicrosoft社によって発表されたゲームコンテンツの管理ソリューションでは、従来は約45日かけて行われていたロイヤリティや権利関係の処理を、ほぼリアルタイムといえるレベルまで効率化しました。将来はゲームだけでなく、知的財産、知的資産がライセンス供与されるほかの業界にも導入される予定です。

■ デジタルコンテンツの権利・ロイヤリティ管理

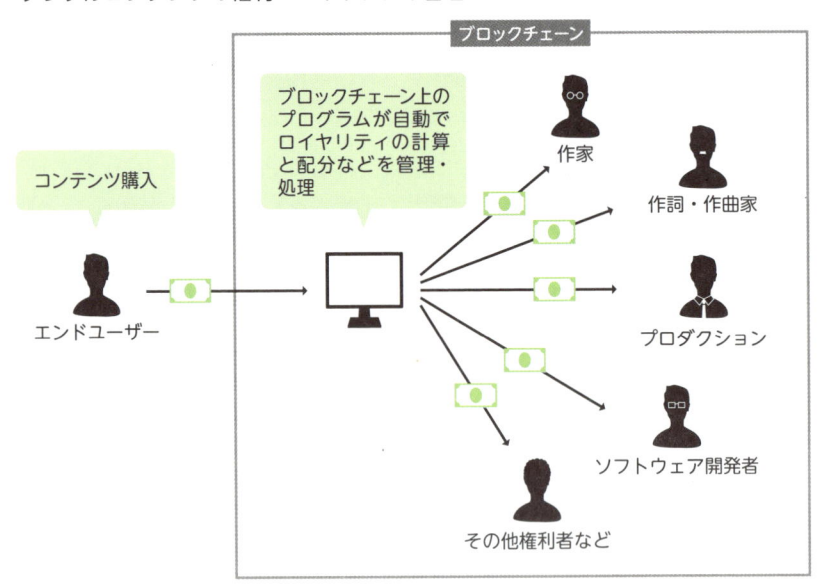

● 端末同士でのマイクロペイメント、リアルタイムペイメント

　ブロックチェーンと仮想通貨では、1円以下（0.05円相当のビットコインなど）のような超少額の決済をコンピューター同士で自動的・自律的にやり取りすることが可能です。

　例えばYouTubeのような動画サイトやライブ配信型のサービスなどで、1秒ごとに0.1円の課金を自動的に行い、視聴された時間に応じた報酬の支払いを行うことも可能になります。また、Webメディアや電子書籍、漫画などのコンテンツでも、ページごとに課金し、実際に読んだ分だけ支払いを行うようなモデルが可能になるでしょう。

　このような**従量型の少額自動支払い**が可能になれば、クリエイターに正当な報酬が支払われるだけでなく、Web広告に頼らずとも収益化する方法が確保され、ステルスマーケティング（消費者に宣伝と気づかれないように宣伝行為をすること）や誇大広告のようなユーザー無視の広告モデルが減り、ネットワークは快適で公正なものになるでしょう。実際、コンテンツクリエイターに少額のチップを送ったり、Web広告を視聴した対価として仮想通貨で報酬を得られる **Brave** というWebブラウザーも開発されています。

■ Webブラウザー「Brave」の公式サイト

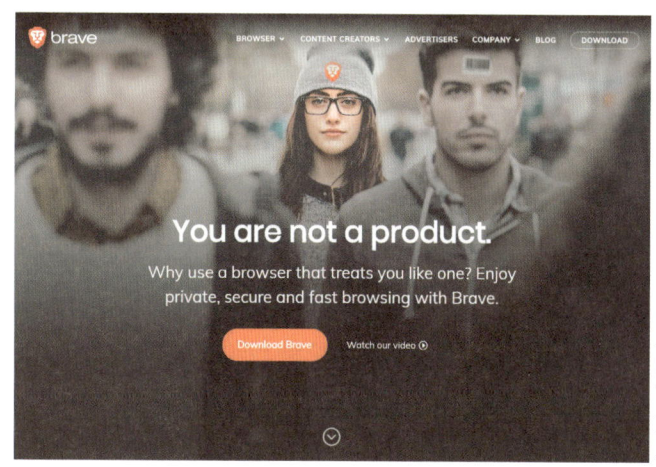

広告を閲覧すると、Basic Attention Tokenという仮想通貨がブラウザーの利用者にも付与される。

● ブロックチェーンの活用が期待されている領域

コンサルティングファームのMckinsey&Companyによると、業界によって、ブロックチェーン活用の実現可能性と、実現した際に与える影響は異なります。彼らの分析によると、特に公共セクター、金融業界、およびテクノロジー業界において、実現可能性や、実現した際のインパクトが大きいことがわかります。

■ 産業部門別に見るブロックチェーンの可能性

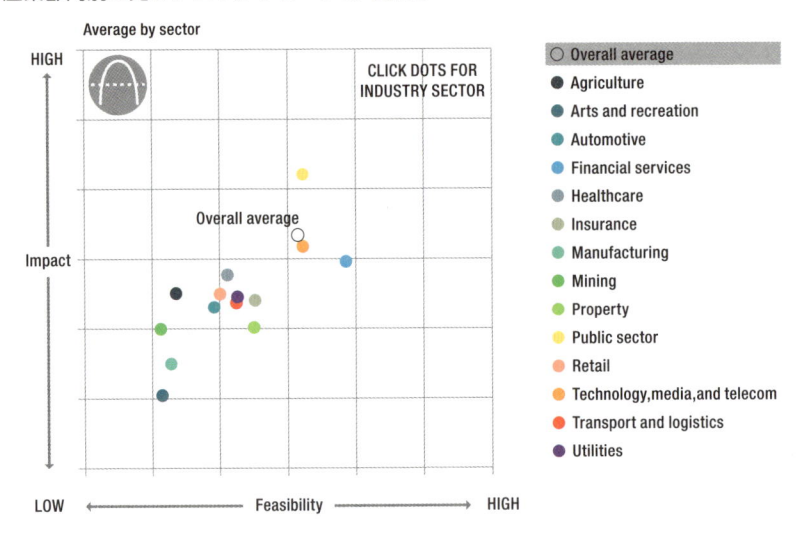

まとめ

- ▶ より安価かつ高速な決済手段として、P2P送金や国際送金などに利用されている
- ▶ トレーサビリティ（製造・流通過程の記録と可視化）に利用されている
- ▶ 改ざんできないので公的文書や契約書を誰でも閲覧可能な形で保管する用途に向く

2章

ビットコインブロックチェーンの仕組み

「ネットワーク上での直接の価値のやりとり」を初めて実現したビットコインですが、その仕組みには「マイニング」、「ブロック生成」など耳慣れない言葉も多く、取っつきにくい印象があるかも知れません。本章ではこれら基本用語を解説しながら、ビットコインがどのように動作するのか順を追って見ていきます。

07 ビットコインの動作

第2章では、仮想通貨の代表的存在であるビットコインを例に、ブロックチェーンの仕組みを詳しく解説していきます。その前に、まずはビットコインとはどのようなものであるかを押さえておきましょう。

● ビットコインとは何か

ビットコインとは、サトシ・ナカモトによって2008年に発表され、2009年より運用が開始された仮想通貨です。ビットコインはネットワークに参加するコンピューター同士が直接やり取りするP2Pネットワーク上で動くもので、管理者にあたる存在はいません。そのため、ビットコインの送金を止めたり、政府の権力の下で預金封鎖を行うことも困難です。

ビットコインのネットワークは世界中の誰でも自由に参加することができ、誰の許可もなく自由に送金などの操作を行うことが可能です。すべてのやり取りはネットワークを介して行われるため、国際送金であっても極めて短時間のうちに、少額の手数料で済ませることができます。また銀行の営業時間なども関係ないので、24時間365日いつでも利用できます。

またビットコインを利用するのに身分の証明手続きは不要です。銀行口座などを持っている必要もなく、最低限インターネットに接続できるスマートフォンなどの端末があれば利用を開始できます。この性質から、ビットコインは**プライバシーを重視する人、既存の金融インフラが未発達な国で銀行口座を持たない人**などに重宝されてきました。

● ビットコインの価値の源泉

ビットコインは米ドルや日本円などの法定通貨による裏づけがなく、国家や中央銀行の後ろ盾なしに独自の価値を持った通貨です。では、そもそもただの紙切れである「お金（紙幣）」自体に価値はないはずなのに、なぜ「お金（紙幣）」

は価値を持っているのでしょうか。それは、国家や中央銀行が価値を保証してくれていることにより、人々が「お金には価値があるものだ」と信じることができているからにほかなりません。いい換えれば、国家に対する信用が、それが発行する通貨に対する信用となり、価値を担保しているのです。

　一方、ビットコインの場合は国家による価値の裏づけがありません。

・国家や中央銀行に頼らず、また誰の干渉も受けず、瞬時にオンラインで価値を移転できるシステムであること
・それにより、ビットコインのシステムに高い利用価値があると信じている人が多数存在すること

この2つの特徴がビットコインに価値をもたらしているのです。

■ 法定通貨とビットコインの価値の源泉

法定通貨は政府や中央銀行の信頼、金との交換などで価値を担保する

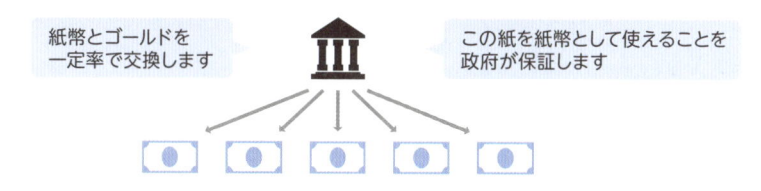

紙幣とゴールドを一定率で交換します

この紙を紙幣として使えることを政府が保証します

ビットコインはネットワーク参加者の合意により、共同で価値を担保する

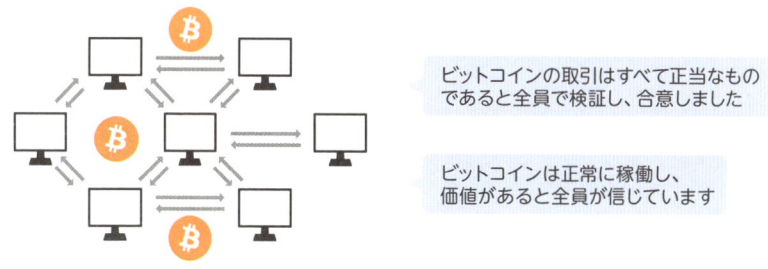

ビットコインの取引はすべて正当なものであると全員で検証し、合意しました

ビットコインは正常に稼働し、価値があると全員が信じています

　これらの理由によって、実際にビットコインを決済手段として受け入れる企業があり、法定通貨に換金できる取引所が存在するため、ビットコインの価値が存在し続けているのです。

● どのような仕組みで動くのか

ビットコインは、ブロックチェーンと呼ばれる分散型台帳に記録された取引データによってその動きが表現されています。ブロックチェーンには、ビットコインの最初の取引以降のすべての取引記録が書き込まれており、ネットワークを通じて世界中のコンピューターにより管理されています。

● ビットコインウォレット

ビットコインを使いたい人はネットワークに接続し、新しく追加してほしいビットコインの取引記録を、決められたフォーマットに従って作成し、ネットワークに申請することになります。この取引記録は、「自分の保有するビットコインの一定量を、これから送りたい相手のビットコインアドレスに送付する」という内容を意味しています。

このフォーマットは細かく決められていますが、通常は**ビットコインウォレット**と呼ばれる専用のソフトウェアを利用することになるので、ユーザーが意識することはありません。普通に銀行で振り込みを行うように、送り先と金額などの情報を入力する操作を行います。

ウォレットの種類には専用の機器から、Webブラウザーベースのもの、スマートフォンアプリまでさまざまなものが提供されています。ウォレットはユーザーに代わり秘密鍵（コインを動かすためのパスワードのようなもの）やビットコインを受け取るためのアドレス（口座番号のようなもの）を管理します。

● ブロックチェーンと取引履歴

ウォレットを用いて送金の操作を行うと、金額や送り手、受取人などの情報が一定の書式に基づいてデータ化されます。この取引記録が格納されたデータを「**トランザクション**」と呼びます。ウォレットが作成したトランザクションをビットコインのネットワーク全体に共有し、ほかの参加者に合意してもらえると、送金が実行されたと認められます。

ブロックチェーンはこのトランザクションの巨大な集合体で、有効とみなさ

れたすべてのトランザクションがブロックチェーンに記録されています。

　このブロックチェーンのまったく同じコピーを、ビットコインのネットワークに参加するすべてのコンピューターで共有することで「誰がいくらビットコインを使用し、現在いくらのビットコインを持っているか？」という情報を矛盾することなく確認できます。

■ ブロックチェーンと取引履歴

ウォレットがトランザクションを発行し、ネットワークに共有する

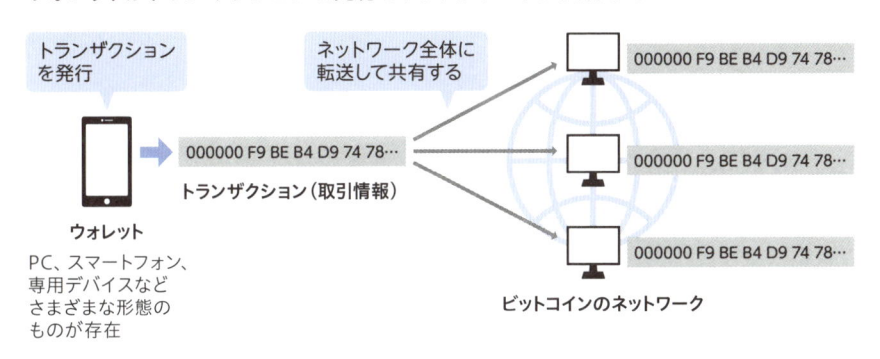

● 取引データの取りまとめと処理の完了

　ネットワーク全体に共有されたトランザクションはおよそ10分ごとにブロックという固まりに取りまとめられ、有効な取引であるか確認されます。有効なものであると確認されれば、ネットワーク全体で共有するブロックチェーンの一部として取り込まれ、処理が完了します。

　実は、ビットコインでは取引は理論上、確定することはありません。つまり、将来的に取引記録が取り消される可能性があります。これは**確率的ファイナリティ**と呼ばれ、時間の経過とともに取引が覆る可能性が0に近づいていきます。ビットコインの場合はおよそ60分待機し、**6ブロック分の確認が済めばほぼ取引が確定され覆ることはないとみなせる**とされています。そのため、取引所の入金では、3〜6の確認を待って入金が確定したとみなします。

■ 取引データの取りまとめと処理の完了

取引履歴は約10分ごとにブロックという塊にまとめられる

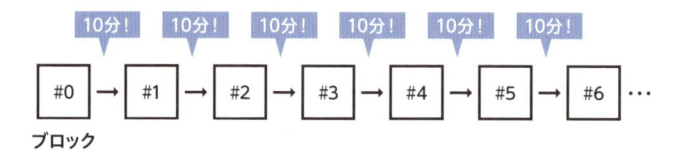

6ブロック分の確認が済めば取引確定とみなされる

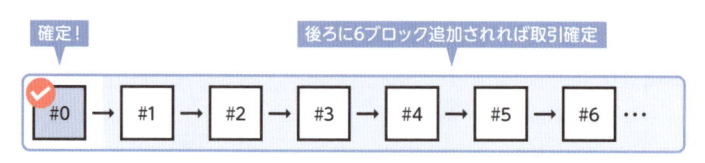

　ここまで、ユーザー視点での大まかなビットコインの利用フローを説明しました。これから始まる第2章では、今回説明したトランザクションやブロック、マイニングなどの詳細な解説を通じ、ビットコインとブロックチェーンがどのようにして動いているのか順を追って見ていきます。詳細な仕組みが現時点でわからなくても気にせずに読み進めていただき、一度ですべてを覚えるのでなく、少しずつ理解を深めていってください。

✏️ まとめ

▷ ビットコインは初めてパブリックなブロックチェーンを実装、運用した通貨基盤である

▷ 国家や中央銀行などの既存権力に依存せずに価値の保管・移転を行える

▷ ブロックチェーン上の取引履歴は参加者自身の手で検証し正当性を担保する

08 P2P ネットワーク
～中央管理者のない分散環境のメリット

P2P は Peer to Peer の略です。Peer は「対等」の意味であり、中央サーバーを経由せず、1 対 1 の対等な関係で通信することをいいます。P2P ネットワークと従来の Web サービスに利用されるクライアントサーバーの違いを押さえましょう。

● クライアントサーバーとは

従来の Web サービスに活用されるもっとも一般的なシステム構造として、**クライアントサーバー**が挙げられます。クライアントサーバー型の通信方式では、1 つのサーバーにデータを保存し、そのサーバーに対して個々のユーザーが通信します。クライアントサーバー型の通信方式では、ユーザー同士が直接通信することはありません。

クライアントサーバーでは、コンピューターの役割がクライアントとサーバーに分けられます。クライアントはサービスの機能を使う側のコンピューターであり、サーバーに対してサービスを要求します。一方、サーバーはサービスや機能を提供する側のコンピューターであり、データの保存や送信を行います。

● P2P ネットワークとは

P2P ネットワークでは、「**ノード (node)**」と呼ばれる各コンピューターがクライアント、サーバー両方の役割を果たし、分散的なネットワークを形成します。P2P ネットワークに参加するノードは、原則的に対等な機能を持つため、そのノードが動かないとシステム全体が動かなくなる「単一障害点」がありません。そのため、一部のノードに障害が発生してもネットワークに及ぼす影響は少なく、また、ネットワークの規模が大きくなればなるほど障害耐性が高まります。

ビットコインにおいては、それぞれのノードが取引記録の保持・検証の役割

を持ちます。また自分がビットコインを誰かに送る場合、そのノードから自身の送金指示をネットワークに伝達（ブロードキャスト）することになります（詳しくは、「2-9. フルノードと軽量クライアント」を参照）。そして、マイナー（検証者）がそれを取り込み、ブロックに取引記録をまとめます。まとめたブロック用に正しい計算結果を発見できたら、ほかのノードにブロックを配信します。そのブロックを各ノードで取り込み、検証し、正しければ自分の保持するブロックチェーンに追記します。各アドレスのビットコイン保有量は、その取引記録を読み込むことで、誰でも見ることができます。

■ クライアントサーバー

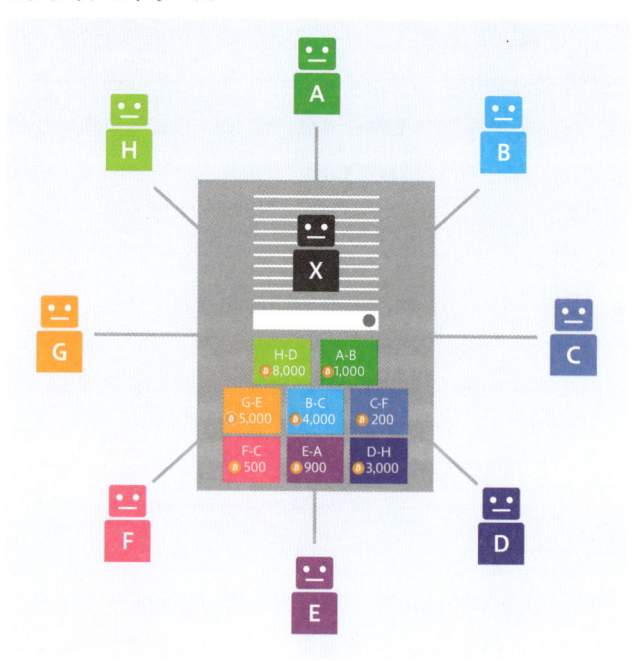

◎ クライアントサーバーのメリット・デメリット

　クライアントサーバーのメリットには、**管理コストの低さ**が挙げられます。Facebookを例に取ると、サービスのアップデートが必要になった場合、クライアントサーバー型の通信方式を採ることで、サーバー側に変更を加えるだけ

でアップデートが完了します。

　一方、クライアントサーバーのデメリットとしては、維持費用の高さ、障害発生やダウンタイムの発生リスクなどがあります。ダウンタイムとは、サーバーが停止した時間のことをいいます。そして、後述の通り、P2Pネットワークを利用することで、このダウンタイムを低くすることができます。

■ P2Pネットワーク

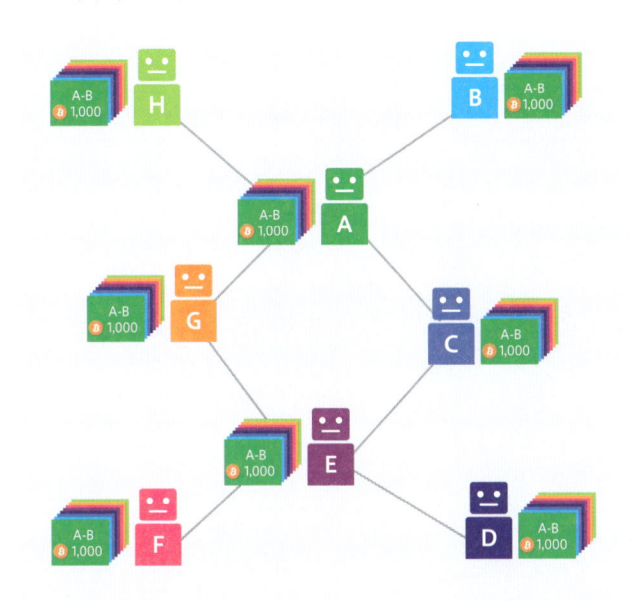

○ P2Pネットワークのメリット・デメリット

　ビットコイン型のP2Pネットワークのメリットの1つに、**稼働時間の向上**があります。クライアントサーバー型では、アクセスが集中してサーバーが停止してしまうことがあります。また、ユーザーからのアクセスが比較的少ない深夜から早朝にかけて、メンテナンスを行う必要があります。このように、クライアントサーバー型の通信方式のサービスでは、サーバーの処理能力の限界のためにダウンタイムがあります。しかし、ビットコインはP2Pネットワークを採用しており、サーバーという集中した障害の場所が存在しないため、連続

稼働時間が長いのが特徴です。

　また、間に中央管理者を挟まないため中間業者の費用が発生せず、コストを抑えられることや、匿名性の高さもメリットとして考えられます。

　このように便利なP2Pですが、デメリットもあります。一度流れてしまった情報は削除が難しいこと、ノードが増えるとシステム全体を止めようと思っても止めづらいことなどが挙げられます。

　P2Pネットワークを活用するには、これらの**デメリットに対する対策を用意することが重要**になります。

■ クライアントサーバーとP2Pネットワークのメリット・デメリット

	クライアントサーバー	P2P
メリット	・一度流れた情報を制御できる ・通信はかなり安定	・可用性が高い ・中間手数料が不要 ・匿名性
デメリット	・管理・維持コストが高い ・ダウンタイムが発生する	・一度流れた情報の削除ができない ・システムが止めづらい

まとめ

▶ **P2Pは特定の中央サーバーなどを通さず、参加者同士が相互に直接通信する方式**

▶ **P2Pは可用性が高く停止しにくい反面、情報の制御が難しいという特徴がある**

09 トランザクション
～取引履歴によって通貨を表現

トランザクションとは、ブロックチェーン上で行われる送金などの「取引」を記録したものです。実はチェーン上ではコインそのものが移動しているわけではなく、トランザクションデータとして記録された履歴によって通貨の動き、つまり台帳が表現されています。

● トランザクションとは

　トランザクションとは、アドレスからアドレスへの送金の取引を記録したデータで、ブロックチェーンの大半を占めるメインのデータです。

■ トランザクションは取引履歴

コインそのものを送るのではなく、
コインの移動を示した取引履歴を発行する

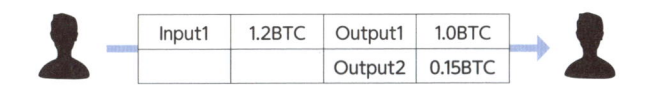

	Input1	1.2BTC	Output1	1.0BTC
			Output2	0.15BTC

　トランザクションにはいくつかの種類がありますが、まずはもっとも一般的である「あるビットコインアドレスから、ほかのビットコインアドレスへの支払いを行う」トランザクションを例に見ていきましょう。ここでは、アリス（送金側）からボブ（受取側）に1.0BTCを支払う際のトランザクションを想定しています。

■ 二者間での単純な支払いを行う際のトランザクションのイメージ

アリス（送金側）		ボブ（受取側）	
インプット	金額	アウトプット	金額
インプット1	1.2BTC	アウトプット1（支払額）	1.0BTC
		アウトプット2（自分宛てのお釣り）	0.15BTC
…			
インプット合計	1.2BTC	アウトプット合計	1.15BTC
		差額（手数料）	0.05BTC

　この図では「アリスはなぜ1.0BTCを支払うのに1.2BTCも送っているのか？」「自分宛てのお釣りとは？」「差額（手数料）とは？」など、いろいろと疑問が浮かぶと思います。それぞれどういうわけなのか詳しく見ていくことにしましょう。

● 入力（インプット）と出力（アウトプット）

　図に記したように、トランザクションには「**インプット**」と「**アウトプット**」と呼ばれる2種類のデータが存在します。

　インプットは、まずは送金する側が持っている残高と考えてください。インプットには残高と、送金者を証明するための電子署名などのデータが記されています。アウトプットは受取側の情報を記したもので、金額やコインを受け取るためのビットコインアドレスなどが記録されています。

　簿記を学んだことのある方であれば、ちょうど複式簿記のルールに従い記帳された帳簿をイメージしていただくとわかりやすいかもしれません。基本的にそれぞれのトランザクションは、1つ以上のインプットとアウトプットを持っています。

■ トランザクションにはインプットとアウトプットが含まれる

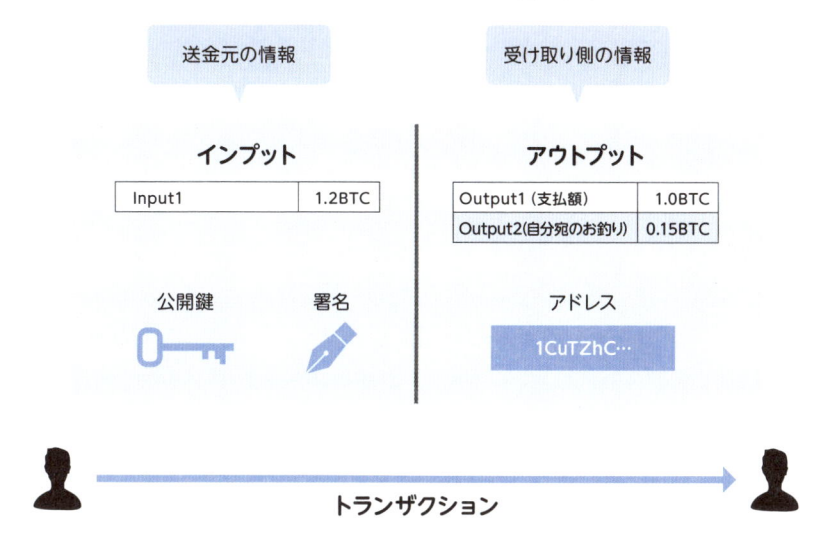

● 「いくら使えるか？」を確認する UTXO という仕組み

UTXO（**Unspent Transaction Output**、未使用残高）とは、ビットコインで採用されているコイン残高を管理するための方法です。

実はビットコインのブロックチェーンには、それぞれのアカウントごとの通貨残高は記録されていません。記録されているのは、どのアドレスからどのアドレスにいくら送ったという情報のみです。そのため、自分がいくら使えるかを算出するために、その都度ブロックチェーン上のこれまでのトランザクションをすべて集計し、まだ使用していない自分名義のトランザクション（未使用の残高）を算出しているのです。なお、この計算はウォレットが見えないところで自動でやってくれるので、人間が気にする必要はありません。

このようないい方をするとなにやら難解に聞こえますが、要するに「今自分が使える金額がいくらあるのか？」をまとめあげて調べるための仕組みがある、と思ってください（UTXOの詳しい仕組みは後の章で解説しています）。

● インプットとアウトプットの差額は何に使われるか？

　続いて、先の図で「差額（手数料）」となっている部分について見ていきましょう。

　コインの送金など、ブロックチェーン上で何らかの取引を行う際には、トランザクションをブロックチェーンに記録してもらうために**一定額の手数料を支払う**必要があります。この手数料は「マイナーのXXさんに0.1BTC送ります」のように明示的に示されるのではなく、トランザクションのインプットとアウトプットの差額が自動的に手数料として徴収されるようになっています。先の図でいえば、「差額（手数料）：0.05BTC」の部分がトランザクション手数料として支払われるものです。

　なお、トランザクションは一般的に手数料が高い順に優先的に処理されます。手数料の額はトランザクション送信時に自分で設定できますが、その手数料に小さい金額を設定してしまうと、ブロックに取り込まれるまで長い時間待たなければならなくなります。

● 秘密鍵と公開鍵、ビットコインアドレスの関係

　さて、ご存じのように、ブロックチェーンのネットワークには世界中誰でも参加することができます。そのため、もし誰かがあなたになりすまして「全財産を攻撃者に送金します」といったトランザクションを発行し、偽の取引がブロックチェーンに追加されてしまうようなことがあると大変です。このような事態が起きないように、ブロックチェーンでは暗号技術を使ってトランザクションの正当性を保証しています。

　公開鍵暗号方式とブロックチェーンでの利用について詳しくは3章で解説しますので、ここではざっくりと概要をつかんでください。

● ビットコインは誰のもの？を保証する仕組み

　ビットコインのブロックチェーンは秘密鍵、公開鍵、デジタル署名といった公開鍵暗号方式の技術を利用することでその信頼性が担保されています。特に、秘密鍵とはそのビットコインを所有している証しであり、この秘密鍵を紛失すると、自分のビットコインを動かすことができなくなってしまいます。

　この秘密鍵はたいていの場合、ウォレットと呼ばれるソフトウェアで保存・管理されますので、普段はあまり意識することはないかもしれません。しかし秘密鍵さえわかれば誰でも自由にそのコインを移動できてしまうので、絶対に他人に教えたりネットワーク上に公開したりしてはいけません。

　また、公開鍵はビットコインアドレスを作る際にも利用されます。公開鍵暗号方式の仕組みと、それがどのようにブロックチェーンで活用されているかは3章で詳しく解説しています。

まとめ

▶ **トランザクションは送金履歴を示すデータで、電子署名や受取人のアドレスなどが記録されている**

▶ **インプットとアウトプットが存在し、差額はマイナーの手数料となる**

▶ **ブロックチェーンに残高は記録されず、都度過去の取引をすべて集計して確認する**

10 ブロック
〜取引が記録されたデータの塊

トランザクションを記録したデータの塊をブロックと呼びます。ブロックはマイナーによって生成され、ネットワーク全体に転送されます。そして内容の検証の後、ブロックチェーンに追加されていきます。

● ブロックとは何か

　ブロックチェーンを帳簿に例えるなら、ブロックはそれぞれのページにあたるもの、と表現できます。取引履歴（トランザクション）をページごと（ブロックごと）にまとめて記帳し、1つのページが上から下までいっぱいになったら台帳にとじる（ブロックチェーンに追加する）というイメージで理解しておきましょう。

■ ブロックとブロックチェーンの関係

取引履歴をブロックにまとめ、連結するブロックチェーン

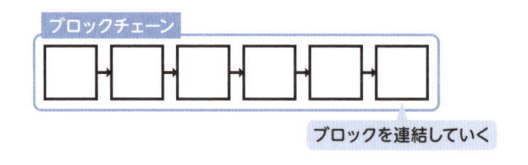

ページごとにまとめた取引を帳簿にとじていくイメージ

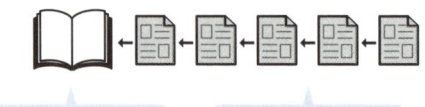

● ブロックの中身を見てみよう

　ブロックチェーンの各ブロックには、**ハッシュ値**と呼ばれるデータが含まれます。これは、前のブロックのデータを**ハッシュ関数**と呼ばれる数式に通して得られた文字列です。ハッシュ値を簡単に理解するには、「データの指紋」をイメージしてください。これは、大きなデータ（ここではブロックのデータ）を集約した短い文字列です。

　ブロックは主に、管理データなどを含むブロックヘッダ部分と、具体的な取引データが記録されたトランザクション部分で構成されています。

■ ブロックを構成するデータ

ブロック

ブロックヘッダ

トランザクション

ブロックヘッダ	トランザクション
直前のブロックのハッシュ値、トランザクションの要約データ、タイムスタンプなどのメタデータを格納	ブロックに含まれるトランザクションの数、実際のトランザクションデータなどを格納。ブロックの大半を占めるデータ

　ハッシュ関数は、入力される値（ブロックのデータ）が1文字でも違うと、まったく異なるハッシュ値（指紋）を出力する、という性質があります。次ページの表を見るとわかりますが、ブロックヘッダには前のブロックのハッシュ値が複数含まれています。これによって、悪意あるものが過去の取引データを改ざんしようとしても、次のブロックとハッシュ値の整合性がつかなくなり、容易にバレてしまうのです（ハッシュ関数とハッシュ値、マークルルートの詳しい仕組みは、3章にて解説しています）。

● ブロックヘッダ部分の中身

ブロックヘッダには下記のような情報が記録されています。

■ ブロックヘッダの中身

名称	内容
Version	ソフトウェア／プロトコルのバージョン番号
PreviousBlockHash	直前のブロックのハッシュ値
Merkle Root	マークルツリーのルートハッシュ。トランザクションのデータを効率よく集約するアルゴリズムです。詳しくは3章で解説
Timestamp	ブロックの生成時刻をUnix timeで表したもの
Difficulty Target	ブロック生成の難易度を表す値。マイニングのスピードに関わらず、ブロックの生成時間が10分程度になるように調整される
Nonce（ナンス）	マイニング時にランダムに設定される値。Number used onceの略

● トランザクション部分の中身

その名の通り、トランザクションのデータが記録されています。ブロックの大部分を占めるメインとなる情報です。下記に、実際のトランザクションデータの一部を例として示しました。これを元に中身を見ていきましょう。

■ トランザクションデータの例

```
Input:
Previous tx: f5d8ee39a430901c91a5917b9f2dc19d6d1a0e9cea205b009ca73dd04470b9a6
Index: 0
scriptSig: 304502206e21798a42fae0e854281abd38bacd1aeed3ee3738d9e1446618c4571d10
90db022100e2ac980643b0b82c0e88ffdfec6b64e3e6ba35e7ba5fdd7d5d6cc8d25c6b241501

Output:
Value: 5000000000
```

> *scriptPubKey: OP_DUP OP_HASH160 404371705fa9bd789a2fcd52d2c580b65d35549d*
> *OP_EQUALVERIFY OP_CHECKSIG*

[Transaction - Bitcoin Wiki]（https://en.bitcoin.it/wiki/Transaction）より引用。

　"Input:" 以下がトランザクションインプットの中身です。"Previous tx" は直前のトランザクションへの参照を表しており、"Index" は参照先トランザクション内でのアウトプットの位置を示すものです。これにより、支払いに使うトランザクションアウトプットを指定します。

　"scriptSig" は署名や公開鍵などから生成され、正当な送信者からのインプットであるかどうかをチェックするためのものです。

　"Output" 以降はトランザクションアウトプットの中身で、"Value" は送金額を表しています。このとき、Value の値の単位は "**Satoshi**" で表されることに注意してください。

　Satoshi はビットコインの額を表す単位で、1 BTC = 100,000,000 Satoshi にあたります。つまり、この例では 5,000,000,000Satoshi = 50BTC を送金していることになります。

　"scriptPubKey" は先に解説した scriptSig に対応するもので、正当な受信者へのアウトプットかどうかを検査するものです。

　scriptSig や scriptPubKey の詳細な解説は発展的な内容になるので割愛しますが、興味のある方は Bitcoin Wiki（https://en.bitcoin.it/wiki/）などで学習してみてください。

● ブロックの連結 ～順序を決める仕組み

　続いて、ブロックがどのようにチェーンに取り込まれ、ブロックチェーンの一部となっていくのか見ていきましょう。

■ ブロックは直前のブロックの情報を持つ

・BlockHash：ブロックのハッシュ値。
・PreviousBlockHash：前のブロックのハッシュ値。

　まず、すべてのブロックは自分の直前のブロックの情報を保持しています。ブロックの構造の節で見た "PreviousBlockHash" フィールドに格納されたハッシュ値がそれにあたります。この1つ前のブロックのことを親ブロックと呼びます。この親ブロックの情報をすべてのブロックが持ち、順番に参照することでブロックの順序が決まり、チェーン状に連なっていくのです。上の図でいえば、BlockHash と PreviousBlockHash の値が一致すれば、それが親ブロックということになり、連結すべきブロックがわかります。

　なお、これを最後までたどれば、そのブロックチェーンの**いちばん初めのブロック（ジェネシスブロック）**まで参照することができます。

● ブロックが作られるペースとブロックチェーンの処理能力

　ビットコインの場合、ブロックは約10分に1度のペースで生成されるように**採掘難易度（Difficulty）**が調整されています。これによりマイナー（miner）全体の計算量が増えたり減ったりしても、ブロック生成のペースは影響を受けることなく維持されるのです。

　また、ビットコインでは**ブロックのサイズは最大1MB**と決められています。これらブロック生成ペースとブロックサイズの制約（最大1MBのブロックが

約10分に1つ）により、ブロックチェーンで処理できるデータ量に制限が生まれます。

このようなブロックチェーンの処理能力の限界に関する問題は「スケーラビリティ問題」と呼ばれ、ブロックチェーンの利用が増えるにつれ、処理能力の限界にいかに対処するかが課題となっています。「スケーラビリティ問題」は、第6章にて詳しく解説しています。

参考：
・Mastering Bitcoin 第6章 ブロックの構造
・[Block - Bitcoin Wiki]（https://en.bitcoin.it/wiki/Block）

まとめ

▶ トランザクションを一定の容量ごとにまとめたデータの塊をブロックと呼ぶ

▶ ブロックはメタデータを格納するヘッダ部分とトランザクション部分から構成される

▶ ブロックはおよそ10分に1度生成されるように調整されている

11 ビットコインマイニング
～ビットコインに価値が生まれる理由

この章ではブロックチェーンの文脈でよく登場するマイニングやProof of Workについて解説します。ビットコインにおけるマイニングとは何なのか、なぜ世界中の企業がマイニング競争に参加するのか、といったポイントを押さえておきましょう。

● よく聞く「マイニング」って結局なんなの？

マイニング（採掘）とは、トランザクションをまとめて新しいブロックを生成する作業のことです。マイニングを行う人たちのことを**マイナー（採掘者）**と呼びます。

マイナーがマイニングをするおかげで、通貨の移動などブロックチェーン上での処理が行われるとともに、トランザクションやブロックに不正がないか検証され、ブロックチェーンの安全性や信頼性が担保されています。

● トランザクション手数料

マイナーに与えられる報酬には2つありますが、その1つがトランザクション手数料です。トランザクションに関する章で学んだように、トランザクション作成時に設定されたインプットとアウトプットの差額の合計がマイナーへの手数料として支払われます。

マイナーの立場から見れば報酬は多くもらえるほうがうれしいため、手数料が高く設定されているトランザクションから優先的にブロックに追加しようとします。

● マイニング報酬

ビットコインでは、トランザクション手数料以外にも、マイニングに成功したマイナーに対して、報酬としてビットコインが与えられます。マイニング時

に新たに与えられるビットコインは、マイナー自身のアドレスに送るトランザクションを作成することで受け取れます。

マイニング報酬として与えられるビットコインの量はあらかじめ決められており、これが唯一の新しいビットコインの発行になります。2019年現在では**1ブロックあたり12.5BTC**が新規発行（＝ブロック報酬）となっています。マイニング報酬は徐々に減少するように設計されており、約4年ごとに訪れる「半減期」と呼ばれるタイミングでマイニング報酬は半分になります。

ビットコインの**総供給量は約2100万BTC**と決められており、この上限に達するとビットコインは新規に発行されなくなります。現在のペースで考えると、およそ2140年ごろにはすべてのビットコインが報酬として与えられ、新規生成は終了します。以降は、利用者が支払うトランザクション手数料のみが、マイナーへの報酬となります。

一部には「ビットコインのマイニング報酬が小さくなっていくとマイニングをするインセンティブがなくなり、ビットコインのブロックチェーンが持続しないのではないか」という議論もありますが、当面その心配は少ないといえるでしょう。

■ マイナーへの報酬

①トランザクション手数料	それぞれのトランザクションに含まれるマイナーへの手数料。これが高いものから優先的にマイニング対象になる。
②マイニング報酬	マイニング時に新しく作り出されるビットコイン。2019年現在では1ブロックあたり12.5BTCを受け取ることができるが、徐々に減少するため、およそ2140年頃には0になる予定。

● マイニングの仕組み

マイナーは平均して10分ごとに、まだブロックチェーンに取り込まれていないトランザクションからなるブロックを生成します。各ノードはトランザクションプールと呼ばれる領域を持ち、未検証のトランザクションを一時的に保管しています。マイナーはトランザクションプールからトランザクションを取

り出して、ブロックに格納していくのです。

● ハッシュ関数

　トランザクションのブロックへの格納が終わったら、ブロックのヘッダを
ハッシュ関数と呼ばれるアルゴリズムで処理（ハッシュ化）します。

　ここで利用されるハッシュ関数とは、入力された値を元に生成したランダム
な文字列を返す関数です。以下では、例として "Hello, world!" という文字列の
末尾に数字を加えてハッシュ関数に入力した際に生成されるハッシュ値を見て
みましょう。

■ ハッシュ関数の例

```
"Hello, world!0" =>
1312af178c253f84028d480a6adc1e25e81caa44c749ec81976192e2ec934c64
"Hello, world!1" =>
e9afc424b79e4f6ab42d99c81156d3a17228d6e1eef4139be78e948a9332a7d8
"Hello, world!2" =>
ae37343a357a8297591625e7134cbea22f5928be8ca2a32aa475cf05fd4266b7

＜中略＞

"Hello, world!4248" =>
6e110d98b388e77e9c6f042ac6b497cec46660deef75a55ebc7cfdf65cc0b965
"Hello, world!4249" =>
c004190b822f1669cac8dc37e761cb73652e7832fb814565702245cf26ebb9e6
"Hello, world!4250" =>
0000c3af42fc31103f1fdc0151fa747ff87349a4714df7cc52ea464e12dcd4e9
```

　上の例からわかるように、どのケースでも、決まった長さのまったく異なる
文字列が生成されます。ハッシュ関数には、以下の4つの特徴があります。

・入力値の長さに関わらず一定の長さの文字列を返す

・１文字でも入力が異なればまったく違った結果を出力する

・生成されたハッシュ値から、入力された値を推測することはできない

・同じ入力値を与えると必ず同じ出力値になる

この性質から**一方向関数**や**不可逆関数**などとも呼ばれます。ブロックチェーン以外では、主にパスワードやダウンロードしたデータの同一性の確認のために利用されています。

■ ハッシュ関数の特徴

①入力値の長さに関わらず、一定の長さの文字列を返す

②1文字でも入力が異なれば、まったく違った結果を出力する

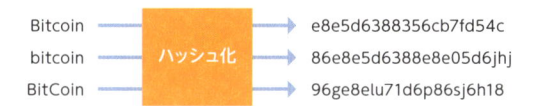

③生成されたハッシュ値から、入力された値を推測することはできない

○ Proof of Work (PoW)

Proof of Work とは、文字通りの意味では「作業をしたことの証明」となります。ビットコインにおいては、「大量のハッシュ計算をしたこと」の証明を意味します。その頭文字から、しばしば **PoW** と表記されます。

　PoWの中身は極めてシンプルです。左の図の最後にある "Hello, world!4250" をハッシュ化した例のように、ハッシュ値の先頭に0が一定数以上並ぶ結果を得られるまで、単純なハッシュ計算を何度も繰り返します。**ランダムに生成さ**

れる数字から偶然多くの0が並ぶ数字を探すくじ引きをイメージしてください。

具体的な作業の流れを見てみましょう。

1. マイニングするブロックのヘッダをハッシュ化する
2. このハッシュ値の先頭に、0が一定数以上並んでいるか確認する
3. 0が並んでいなかった場合、あらためてブロックヘッダのNonceと呼ばれる値を少し変えて、再度ハッシュ値を計算する
4. 0が一定数以上並ぶようなハッシュ値となるNonceが見つかるまで、1〜3の流れをひたすら繰り返す

ハッシュ関数の性質上、求めたいハッシュ値から元の値を推測することはできないので、ひたすら総あたり的に単純計算を行うしか方法はありません。ひたすらハッシュ値の計算を繰り返し、ほかのコンピューターよりも先に正解となるNonceを発見したマイナーが、ブロックのマイニングに成功したとみなされ報酬を得ることができます。

計算自体はごく単純なものですが、あてずっぽうな計算を高頻度で膨大な回数分繰り返し行うため、非常に強力なハッシュパワー（マイニングの計算能力）と、膨大な電気代が必要になります。

2019年現在で、処理能力が高いGPUやASICと呼ばれる専用ハードウェアを用いて行われるようになっており、個人が普通に利用するPCの性能でマイニング競争に勝つことは非常に難しくなっています。

さらにいえば、よい機材をそろえたとしても個人では限界があるので、複数人が共同でマイニングをして報酬を山分けする「マイニングプール」と呼ばれる形態が主流になっています。

■ マイニングの流れ

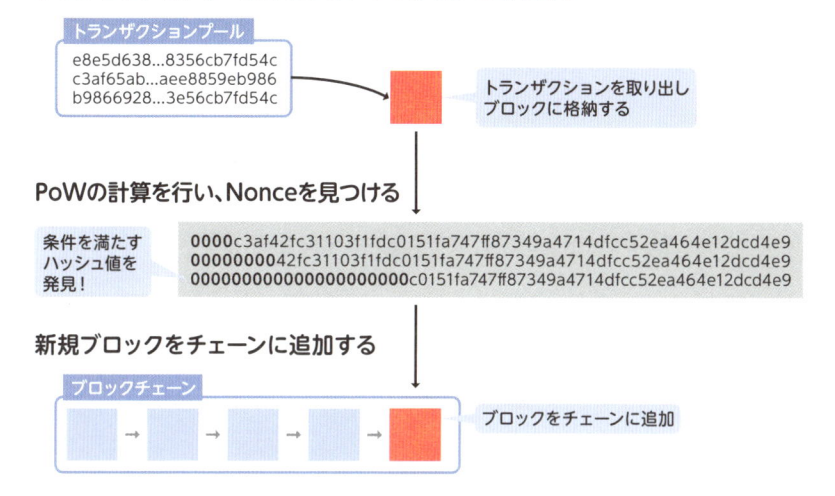

トランザクションプールからトランザクションを取り出す

トランザクションプール

e8e5d638...8356cb7fd54c
c3af65ab...aee8859eb986
b9866928...3e56cb7fd54c

トランザクションを取り出し
ブロックに格納する

PoWの計算を行い、Nonceを見つける

条件を満たす
ハッシュ値を
発見！

0000c3af42fc31103f1fdc0151fa747ff87349a4714dfcc52ea464e12dcd4e9
0000000042fc31103f1fdc0151fa747ff87349a4714dfcc52ea464e12dcd4e9
00000000000000000000c0151fa747ff87349a4714dfcc52ea464e12dcd4e9

新規ブロックをチェーンに追加する

ブロックチェーン

ブロックをチェーンに追加

PoWの計算力競争がセキュリティを高める仕組み

　PoWのブロックチェーンでは、ブロックの長さがもっとも長いものが正当なチェーンとみなされます。

　ここで仮に、過去の取引記録を改ざんしたいマイナーがいたとしましょう。このマイナーが自分に都合のよいブロックをブロックチェーンに追加しようと試みる場合、自分のブロックチェーンがもっとも長くなるよう、ほかのすべてのマイナーよりも早くマイニングを行いチェーンを伸ばす必要があります。ただし、それにはネットワーク全体の51%以上のハッシュパワーが必要になります。世界中のマイナーが報酬目あてに全力でマイニングしている中、単独のハッシュパワーで51%を超えるのは、事実上ほぼ不可能といえます。

　このように、マイニングの競争率が高い（＝採掘難易度が高い）ほど攻撃に必要なハッシュパワーが膨大なものとなるため、チェーンは不正な攻撃に対して強くなります。

また、PoWでは、計算能力を提供してネットワークの運営・維持に貢献すれば報酬がもらえる仕組みになっています。もしチェーンを乗っ取れるだけのハッシュパワーがあるならば、普通にマイニングしたほうが儲かる可能性が高いので、不正をする経済的メリットはありません。

まとめ

- ▶ **トランザクションをまとめて新しいブロックを生成することをマイニングと呼ぶ**
- ▶ **マイナーは送り手からの手数料と新規発行のビットコインを報酬として受け取る**
- ▶ **PoWは大量の計算を行い、特定のハッシュ値を先に見つけ出す競争**

12 コンセンサスとフォーク
〜P2Pにおける合意形成の仕組み

ビットコインには中央管理者が存在しません。そして、ネットワークには誰でも自由に参加できます。悪意ある者が改ざんや不正データを送る可能性のあるネットワーク上で、どのようにすべてのノードが同じデータを保持しているのでしょうか？

● P2Pネットワークにおける合意形成の仕組み

　分散ネットワークやブロックチェーンにおける合意形成とは、各ノードが同じデータに合意することを意味しています。人による意見の一致という意味ではありません。ビットコインでは、送金などの情報を記録したトランザクションが正当なものであると検証し、その結果を全体で共有することを意味します。この仕組みは**コンセンサス・アルゴリズム**と呼ばれます。

　ブロックチェーンに参加しているコンピューターのことをノードと呼びますが、すべてのノード間で同じデータに合意形成がなされた状態に至るには、すべてのノードがまったく同じ取引データを保有する必要があります。合意に至るまでのビットコインネットワーク上の流れを見ていきましょう。

● 参加者によるトランザクションの検証

　あるトランザクションを受け取ったノードは、それをピア（近隣のノード）に転送する前に、それぞれ独自にトランザクションが有効なものであるか検証します。その結果、有効と認められたトランザクションだけをほかのノードに転送します。その際、無効と判断されたトランザクションは転送せずにそのまま破棄されるため、不正なトランザクションはネットワークに広がらないようになっています。これは、無駄なトランザクションデータを送りつける攻撃を防ぐという意味でも極めて重要です。

　ノードによるトランザクションの検証は多岐に渡るものですが、主に下記のような項目について検査します。

・トランザクションの構文やデータ構造に誤りがないか
・インプット、アウトプットが空でないか、有効な範囲の値か
・各インプットが有効で、すでに使用されているものが含まれていないか
・署名が有効か
・十分な額のトランザクション手数料が設定されているか

■ トランザクションの検証と伝播

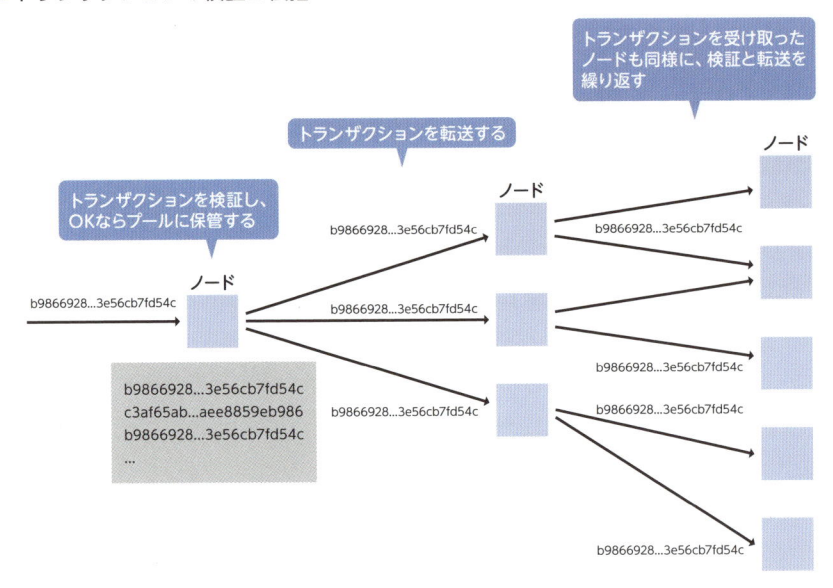

○ トランザクションをブロックにまとめる

　トランザクションに問題がなければ、各ノードは自身が持つ**メモリプール（ト
ランザクションプール**とも呼ばれる）にトランザクションを保管します。そし
て、手数料が高いトランザクションなど、各マイナーが定める一定の条件に従
い優先順位を決めて、新しいブロックに追加します。

　1つのブロックにトランザクションを入れ終わると、ブロックヘッダにタイ
ムスタンプや前のブロックのハッシュなどメタデータを書き込み、マイニング
を開始します。そのまま無事マイニングに成功すれば、ノードはピアノードに
ブロックを転送します。

● ブロックチェーンへの浸透

　新しいブロックがビットコインネットワークに拡散される際、先ほどと同様に各ノードはそれぞれ独自に、受け取ったブロックが有効か検証します。ノードは受け取ったブロックが有効であればそれをさらにほかのノードに転送し、そうでない場合はその場で破棄してしまいます。このように、すべてのノードが同じルールに基づいてブロックを検証することで、有効なブロックのみがネットワークで共有されるのです。

● ブロックチェーンの選択

　各ノードは、メインチェーンとセカンダリーチェーンと呼ばれる2つのブロックチェーンデータを保持しています。有効なブロックを受け取ったノードは、自身の持つブロックチェーンのうち、もっとも長いもの（メインチェーン）に追加します。ここで、もし受け取ったブロックの親ブロックがメインチェーンでない枝分かれしたチェーンのものであれば（**sibling＝兄弟姉妹チェーン**と呼ばれます）、それに追加した上でメインチェーンと比較し、もっとも長いチェーン（正確には累積の採掘難易度が高いチェーン）をメインチェーンとして選びます。もし既存のチェーンに親ブロックが見あたらなかった場合、そのブロックを**オーファンブロック**（orphan:孤児）として、親ブロックが見つかるまで保存しておきます（オーファンブロックについては、本章の8節で詳しく解説します）。

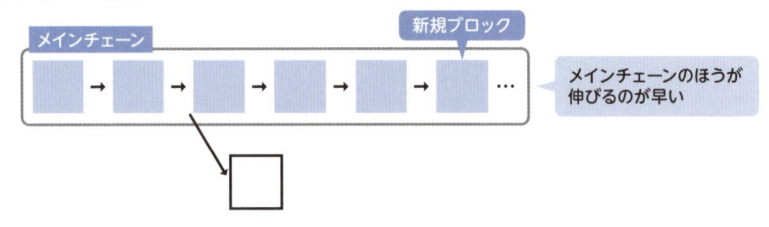

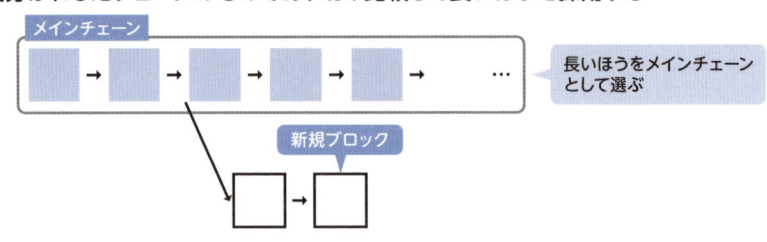

● ブロックチェーンのフォーク

　ブロックチェーンは世界中のノードによって分散化されて管理されているため、各ノードが保持しているブロックチェーンは常に一致しているわけではありません。

　ほぼ同時に異なるブロックがマイニングされ、ブロックが送信された場合、ブロックチェーンに**分岐（フォーク）**が発生することがあります。このような自然発生するフォークは珍しいものではなく、次にブロックが採掘された際、もっとも長いものが再度選ばれることで自然に解消されていくのです。

● ハードフォークとソフトフォーク

　先ほどの自然発生的なフォークと異なり、ブロックチェーンの仕様変更などに伴うフォークが発生することもあります。

　これらは互換性の有無によって「**ソフトフォーク**」と「**ハードフォーク**」の2種類に分別されます。

ソフトフォークはそれまで利用されていたブロックチェーンとフォーク後のチェーンに互換性があり、旧チェーンで流通していたコインも引き続きそのまま使用できるものです。

　一方ハードフォークは完全に別なチェーンとして分裂してしまいます。そのため古いチェーンのコインと新しいチェーンのコインは、別のものとなってしまいます。

■ ハードフォークとソフトフォーク

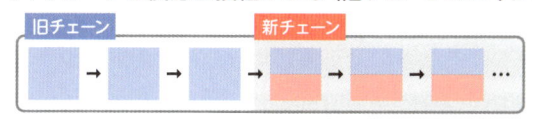

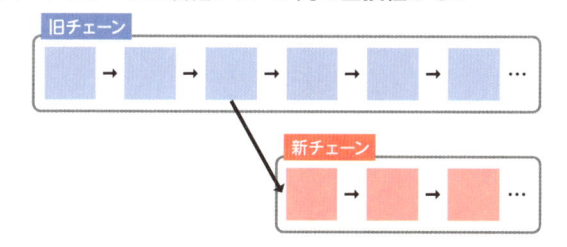

　ビットコインで発生したハードフォークの例として、ビットコイン（BTC）とビットコインキャッシュ（BCH）のケースについて見てみましょう。

● ビットコインとビットコインキャッシュ

　ビットコイン（BTC）とビットコインキャッシュ（BCH）の分裂騒動は、ブロックチェーンのスケーラビリティ問題への異なるアプローチが原因で、2017年8月に発生しました。

　当時ビットコインの1ブロックには1MBのデータ容量しか含むことができなかったため、1秒あたりに6〜7トランザクションしか処理できないなど、

チェーンの処理能力の低さが問題となっていました。

これに対して、コミュニティ内では2種類の提案がなされました。1つは、ブロックの上限サイズを引き上げ、扱えるデータ量を増やすことで、一度にブロックに含めることができるトランザクション数を多くするアプローチです。

もう一方は、ブロックのサイズは変えずに、トランザクションの記録方法を変更して1トランザクションあたりのデータサイズを下げることで、1ブロックに含めることができるトランザクション数を増やすアプローチです。この手法は、**Segwit**（**Segregated Witness**：署名情報の分離）と呼ばれています。

これらの一連の議論は「ビッグブロック論争」などと呼ばれ、コミュニティでは議論が尽くされましたが、結局チェーンを分裂させてそれぞれ別なブロックチェーンとして実装することになりました。このとき前者のアプローチを採用して生まれたのがBCH（Bitcoin Cash：ビットコインキャッシュ）であり、後者のアプローチを採用したのが現在のビットコインです。

まとめ

- ▶ **P2Pネットワークでの合意形成の仕組みをコンセンサス・アルゴリズムと呼ぶ**
- ▶ **PoWのチェーンではフォークが発生した際には最長のチェーンが選択される**
- ▶ **新旧チェーンで互換性のあるソフトフォークと互換性がないハードフォークがある**

13 マイニングプールと クラウドマイニング

個人が単独でマイニングに参加し報酬を得るのは難しいため、マイナー同士で協力しマイニングプール、あるいはクラウドマイニングと呼ばれるグループを形成してマイニングを行うのが主流となっています。

● マイニング方法の違い

ビットコインの価格が上がるにつれ、多くの企業がマイニング事業に参入したため、競争が非常に激しくなりました。もはや個人が単独でマイニング競争に勝ち、報酬を得ることはほぼ不可能といっていい状況です。

そこで現在では、**マイニングプール**と呼ばれるグループに参加し、集団でハッシュパワーを持ちよって協力してマイニングを行う方法や、それらのマイニンググプールに出資して配当を受け取る**クラウドマイニング**と呼ばれる方法が主流となっています。

■ ビットコインのハッシュレートの推移

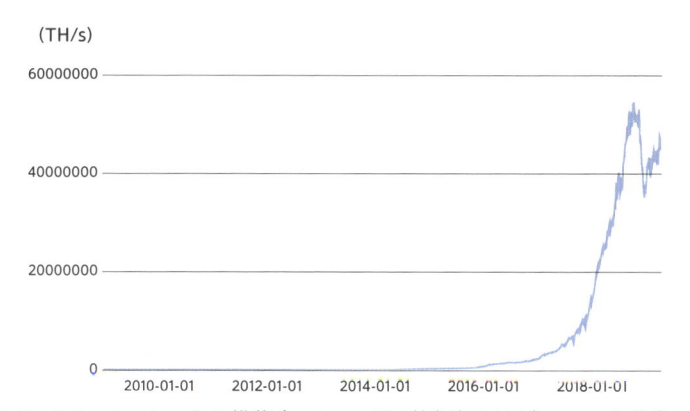

ビットコインのハッシュレートの推移（マイニングの競争率を示す）。2017年後半〜2018年にかけて急激に上昇していることがわかる。

● マイニングプール

　マイニングプールでは、まず参加者がそれぞれ保有しているマイニング機器をマイニングプールのサーバーに接続します。参加者はプールに参加しているほかのマイナーとマイニング結果を共有し、協力しながらマイニングを行います。仮に10名が集まってマイニングプールを運営した場合、各自の取り分の期待値は変わらないものの、10倍高い確率で報酬を得られることになり、収益が安定します。

　無事にマイニングに成功すると、得られた報酬はいったんマイニングプールのビットコインアドレスに支払われ、提供したハッシュパワーの比率に従いプール参加者に分配されます。

　マイニングプールに参加するには、自前でマイニングに必要な機器をそろえたり、参加するプールを選んで接続するなどの作業が必要なので、**ある程度のマイニングの知識が必要**です。

● クラウドマイニング

　他方で、マイニングプールに出資して配当を受け取る形式をクラウドマイニングと呼びます。クラウドマイニングでは自分でマイニングに必要な機器を用意する必要はないので、厳密にはマイニングというより単純に事業に対する投資のイメージに近いでしょう。

　マイニングに関する機材や専門知識がなくても参加することが可能ですが、詐欺的なクラウドマイニングのプロジェクトも多数存在します。自身が参加する際には慎重に情報収集を行ったうえで、参加するプロジェクトを選択したほうがよいでしょう。

マイニングプール

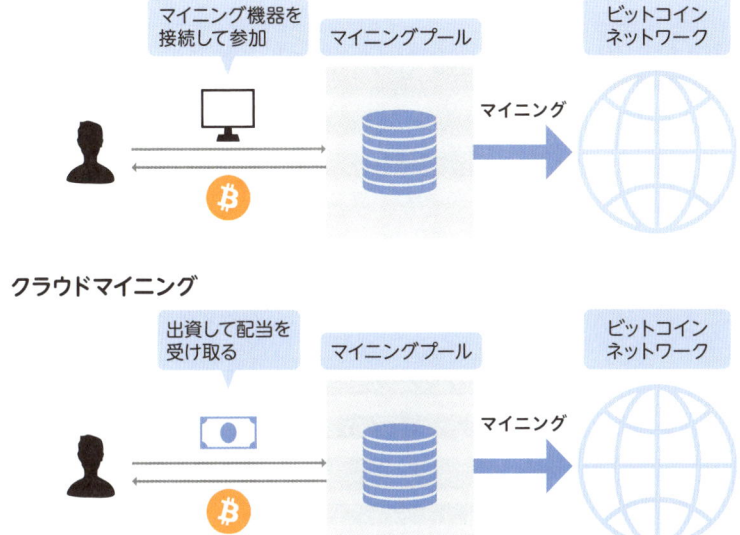

参考：[Pooled mining - Bitcoin Wiki]（https://en.bitcoin.it/wiki/Pooled_mining）

● 報酬の計算方法

　マイニングプールに参加した際に受け取れる報酬の配分方法には、いくつか種類があります。ここでは、多くのマイニングプールで採用されている代表的な2つの方法を紹介します。

● PPS（Pay Per Share）

　ある一定の時間内に提供した**「ハッシュパワー×稼働時間（＝シェアと呼ばれる）」の比率**に従ってブロック報酬が配分される方式を、PPSと呼びます。プールに参加していても、一時的に電源を落としていてハッシュパワーを提供していない場合は、報酬を受け取ることはできません。

PPSでは、ある一定時間の前半にたまたま多く報酬が得られた場合に、後半から参加してくるマイナーが有利になってしまうという問題点があります。

● PPLNS (Pay Per Last N Shares)

得られた各ブロック報酬に対して、==その報酬が発生したときから過去の一定時間内に提供したシェア==に従って報酬を配分する方式を、PPLNSと呼びます。

PPLNSでは、その報酬が発生したときから過去にさかのぼってシェアを確認します。後から参加してきたマイナーが有利（または不利）になるということがなく、より不公平感がない方式として知られています。

参考：

[Comparison of mining pools - Bitcoin Wiki] (https://en.bitcoin.it/Comparison_of_mining_pools)

● 大手マイニングプールのシェア比較

ビットコインの情報サイトであるBlockchain.comによると、2019年3月現在での大手マイニングプールのシェアは、下記の通りです。特に、BTC.comとAntPoolは中国のBitmain社という企業によって運営されており、非常に大きいシェアを持っていることがわかります。

■ 大手マイニングプールのシェア

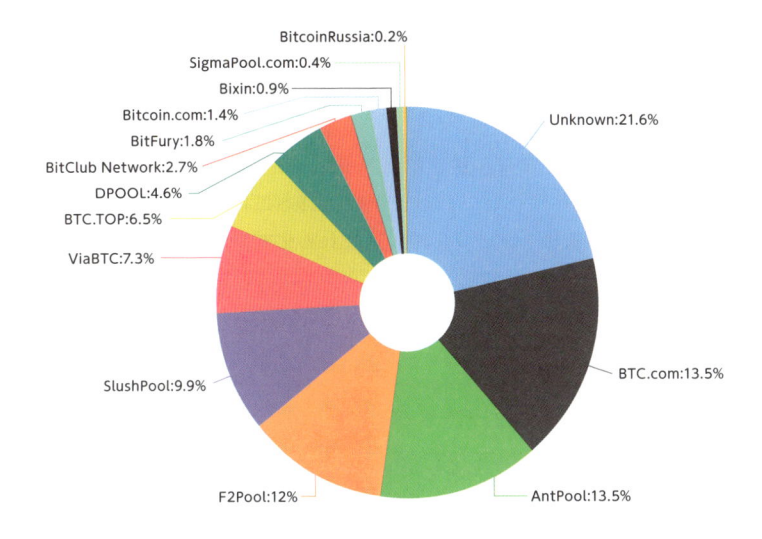

✏️ まとめ

▶ 現在、多くの企業は多額の投資をしてマイニングを事業として
　行っている

▶ そこで、集団でマシンパワーを持ち寄りマイニングする方法が
　主流となっている

▶ 計算能力を提供するマイニングプールと、出資し配当を得るク
　ラウドマイニングがある

14 オーファンブロック
〜チェーンから外れた孤立ブロック

ビットコインネットワークでは、親ブロックが見つからず孤立してしまう「オーファン（孤児）ブロック」と呼ばれるブロックが生まれることがあります。この節では、オーファンブロックが無事チェーンに取り込まれるまでの流れを解説します。

● オーファンブロックとは何か

　オーファンブロックとは、接続すべき1つ前のブロック（親ブロック）が見つからず孤立してしまっているブロック、またメインのブロックチェーンに含まれずに終わってしまったブロックを指します。

　オーファンブロックは複数のマイナーがほぼ同時にブロックを生成・送信し、一時的にフォークが発生したときや、子ブロックが親ブロックよりも先にノードに到達した場合などに発生します。

　具体的には、下記のような状態にあるブロックを指します。

①親となるブロックが見つからず、孤立してしまっているブロック。親となるブロックよりも先に子ブロックが到達したときに発生する

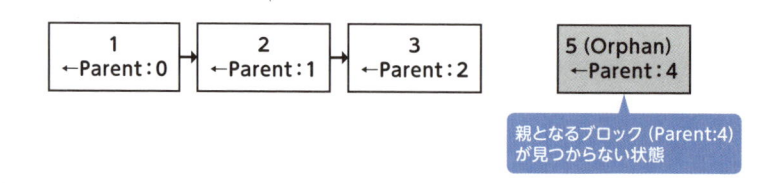

②ブロックチェーンに追加されたものの、メインのチェーンに含まれずにフォークしてしまい取り残されたブロック。複数のマイナーがほぼ同時にブロックを生成し、一時的にフォークが発生したときに生まれる

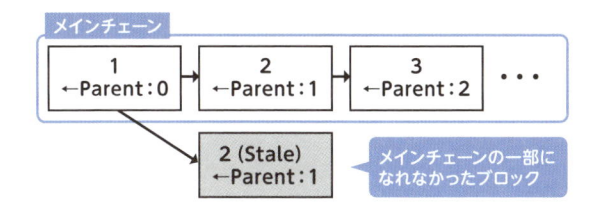

正確には、上記の②の定義にあたるものは親ブロックが存在するため、**Stale block**（Staleは古い、新鮮でないの意）と呼ばれています。しかし、①と②の両方の状態に対してオーファンブロックという言葉が用いられることも多いため、そこまで厳密に区別して覚える必要はありません。

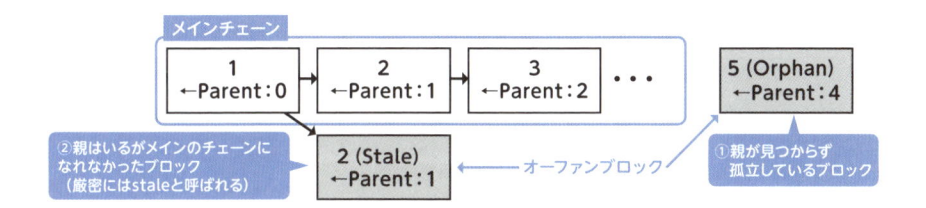

● その後のトランザクションの行方

オーファンブロックが発生して孤立してしまった場合でも、そこに含まれるトランザクションが処理されず、宙に浮いたままとなってしまうようなことはありません。これらのトランザクションも、後できちんと回収され再びマイニングされるように設計されています。

オーファンブロックとそこに含まれるトランザクションは次のような流れで処理され、最終的にはすべてブロックチェーンの一部として追加されます。

● ①子ブロックが先に到達したために親ブロックが見つからない場合

ノードはブロックを受け取った際、ブロックヘッダを参照して前のブロックハッシュを検証し接続すべきブロックを探しますが、有効な親ブロックが見つ

からないことがあります。この場合、ブロックをすぐに既存のブロックチェーンに追加することができないので、いったんそのブロックを「**オーファンブロックプール**」と呼ばれる領域に保管します。

その後、ノードがオーファンブロックの親となるブロックをネットワークから受け取った際に、オーファンブロックはプールから取り出され、親ブロックに接続されます。そうすることで少し遅くはなりますが、最終的に無事ブロックチェーンに追加されます。

■ オーファンブロックの処理

①親ブロックより先に子ブロックが到着すると…

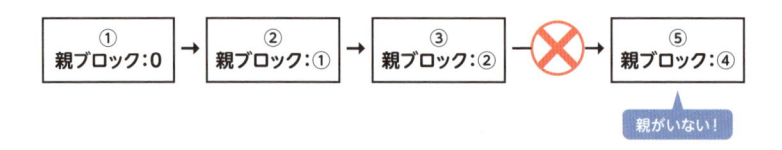

②いったん、オーファンブロックプールに保存される

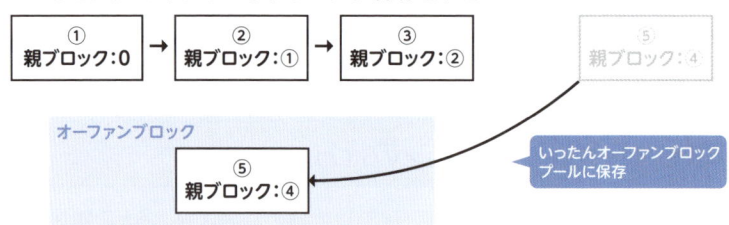

③親ブロックが発見・接続されると…

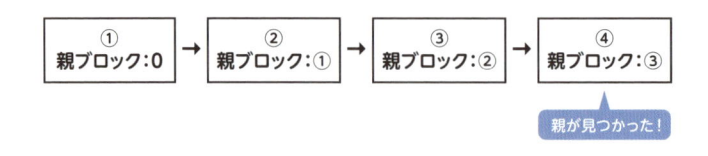

④オーファンブロックはプールから取り出され、チェーンに追加される

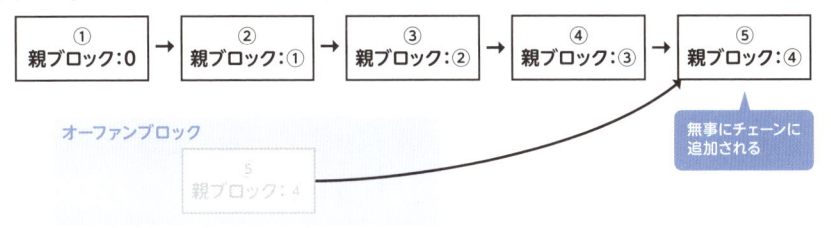

② ②メインのチェーンの一部となれなかった場合（Stale block）

　この場合、ブロックに含まれるトランザクションは一度トランザクションプールに戻されます。そして再びマイニング対象となり、新たに生成されるブロックに含まれることになります。

　このStale blockは前述の通り、複数のマイナーがほぼ同時にブロックを生成したときに生まれますが、この際、**同時に生まれた2つのブロックに含まれるトランザクションは、90～95%くらいは同じものであることが多い**です。そこで、実際にはブロックのうちのわずか数パーセントのトランザクションだけを再処理すればよいということになります。

　Stale blockになった場合も、少し待ち時間が延びるだけで最終的にはすべてのトランザクションが新たなブロックに回収され、メインチェーンに追加されます。これはちょうど、トランザクション手数料が不足したために後回しにされるトランザクションと、同じような流れをたどると思っていただければよいでしょう。

■ Stale blockの処理

①メインチェーンに含まれなかったブロックはstaleとなり…

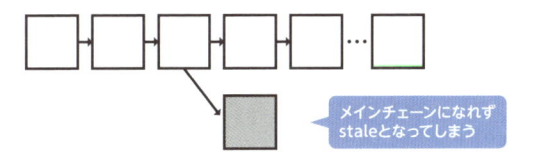

②中身のトランザクションがプールに戻される

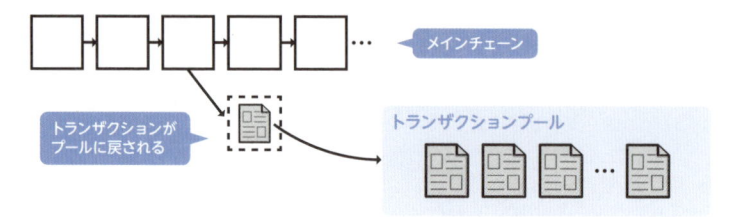

③戻されたトランザクションは再びマイニングされ、

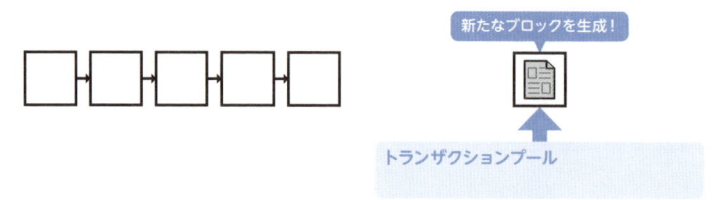

④新たなブロックの一部としてメインチェーンに追加される

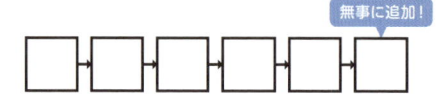

参考：

[(5) Bitcoin Q&A: Orphaned blocks and stuck transactions - YouTube]（https://www.youtube.com/watch?v=MsdW0CTYwyY）

まとめ

▶ 親となるブロックが見つからないものを、オーファンブロックと呼ぶ

▶ 親より先に到達してしまう場合と、フォークによって孤立する場合の2種類がある

▶ 孤立したブロックのトランザクションも再度マイニングされ、ブロックに追加される

15 フルノードと軽量クライアント

ビットコインのネットワークに参加するコンピューターは、ノードと呼ばれます。ノードはフルノードと軽量クライアントの2種類に分かれており、保有するブロックチェーンの量や役割により分類されます。

● フルノードとは

　フルノードはジェネシスブロック（Genesis Block）以降、最新のものまで、すべてのブロックとトランザクションを持つノードです。フルノードは自身のローカル領域に完全なブロックチェーンのコピーを持つものといえます。フルノードはすべてのトランザクションを保持しているので、ほかのノードに頼ることなく単独でトランザクションの検証を行うことができます。有効なトランザクションのみを転送し、無効なものはその時点で破棄することで、ネットワークの維持に貢献します。

　フルノードを運用するには、フルサイズのブロックチェーンのコピーを保存するだけのディスク容量と処理能力が必要になります。ただ、現在ではフルノードと呼ばれていたものが「**アーカイブノード**」と「**剪定ノード**」（注：せんていと読みます。樹木の枝を切ることで形を整えたり、風通しをよくしたりすることがもともとの意味です）の2種類に分類されるようになりました。このうち剪定ノードはフルブロックチェーンの一部データを破棄するので、「フルノード」という言葉が必ずしも完全なブロックチェーンのコピーを持つものを指すわけではありません。

● アーカイブノード(Archival Node)

　アーカイブノードは完全なブロックチェーンのコピーを持つノードで、本来の意味でのフルノードにあたるものです。アーカイブノード以外のノードは、すべてのブロックをダウンロードしたいときや手元にないトランザクションを

確認したいときなど、フルブロックチェーンを持つアーカイブノードに問い合わせてデータを転送してもらうことになります。アーカイブノードはすべてのブロックとトランザクションを持つ唯一のノードタイプですから、ネットワークにとって非常に重要な存在です。

● 剪定ノード (Pruned Node)

剪定ノードは、必ずしも完全なブロックチェーンのコピーを保持しません。剪定ノードを立ち上げると、初めはいったんフルサイズのブロックチェーンを保存しますが、過去の不要なトランザクションやブロックは捨て、UTXO（第4章で詳しく解説しますが、ここでは「自分が使えるビットコインの残高を調べるためのデータ・仕組み」と理解しておいてください）と直近のブロックのみを保持します。剪定ノードは過去すべてのトランザクションを検証することはできませんが、二重支払いの検証は単独で行うことが可能です。

■ アーカイブノードと剪定ノード

アーカイブノードはすべての取引を記録した完全なブロックチェーンを保持

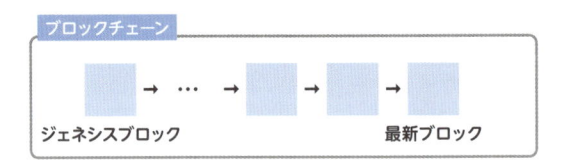

剪定ノードは完全なブロックチェーンから不要なブロックを廃棄したものを保持

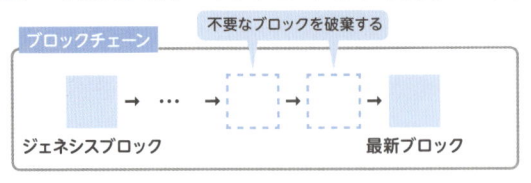

● 軽量クライアントとは

<u>軽量クライアント（ライトノードなどとも呼ばれる）は、</u>ブロックチェーン

の一部のみを保持するノードです。**SPV（Simplified Payment Verification）**という簡易的な方式でトランザクションの検証を行うため、**SPVノード**と呼ばれることもあります。軽量クライアントでは、ブロックヘッダのみを保持しておき、UTXOの集計の際やトランザクションの検証時などには、必要に応じてほかのノードに足りない情報を問い合わせて処理を行います。

　ブロックヘッダの情報だけであれば、フルサイズのブロックチェーンに比べ1000分の1程度のデータ量で済みます。そのためスマートフォンなどのモバイル端末、ブロックチェーンの完全コピーを持つには容量が限られている端末などは軽量クライアントとして運用されています。

■ SPVノード（軽量クライアント）

SPVノードはブロックヘッダのみを保持する

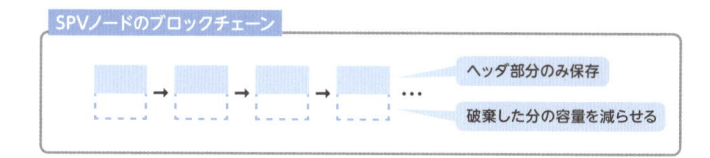

■ 保有するブロックチェーン量によるノードの分類

フルノード	アーカイブノード	完全なブロックチェーンを持つ
	剪定ノード	完全なブロックチェーンのうち必要な部分だけを残す
SPVノード（軽量クライアント）		ブロックのヘッダのみを持つ

● フルノードのメリット・デメリット

　フルノードのメリットはプライバシーが守られやすいという点です。フルノードはほかのノードに頼ることなく、単独でトランザクションの検証を行うことができます。そのため、アドレスなどをほかのノードに漏洩することなく運用できます。また、フルノードは自身のトランザクションだけでなく、ほかのノードから受け取ったトランザクションも転送するので、どのトランザクションがフルノード自身に関わるものか特定される可能性が低くなります。

一方デメリットは、運用の手間がかかることでしょう。ブロックチェーンの完全コピーをダウンロードするために数百GBのストレージが必要になったり、ブロックチェーンを同期させるため常時ネットワークにつながっている環境を用意したりと、ただビットコインの保管や送付をしたいだけの場合には、手間がかかりすぎてしまいます。

● 軽量ノードのメリット・デメリット

軽量ノードのメリットは扱いやすさ、手軽さです。単にビットコインを保管したり、送金したりといったウォレットとしての用途であれば、SPVノードで十分でしょう。

デメリットは、プライバシー面での懸念があることです。SPVノードは常に自身のトランザクションのみを、フルノードに転送するように依頼することになります。自身のウォレットアドレスとIPアドレスが紐づけられて把握されてしまった場合、自身のトランザクション内容や、保有ビットコイン量などが把握されてしまうリスクがあります。

まとめ

- ▶ フルノードはネットワークの維持に不可欠な重要なノード
- ▶ フルノードはジェネシスブロックから最新のブロックまでのすべての記録を持つ
- ▶ 軽量クライアントはブロックヘッダの情報だけを持つノード

3章

ビットコインブロックチェーンを支えるコア技術

ビットコインを支えるブロックチェーンは、長年に渡り活用されてきた暗号理論による安全性、経済的なインセンティブ設計などを上手く取り入れて構築されています。本章では、ブロックチェーンを構成するこれらのコア技術について深く掘り下げて解説していきます。

16 ビットコインネットワーク

この節では、ビットコインネットワークを構成するノードの種類と役割、ノードがネットワークに参加するまでのプロセスを解説します。世界中に分散されているノードがどのように連携しながらネットワークを作り上げるのか、イメージをつかみましょう。

● ネットワークを構成するノードの機能

　ビットコインのネットワークは、2章で解説したP2P方式で運用されています。ノードは大きく分けて、下記の4つの機能を持っています。

■ ノードが持つ4種類の機能

ルーティング
ネットワーク上にあるほかのノードを
見つけて接続する

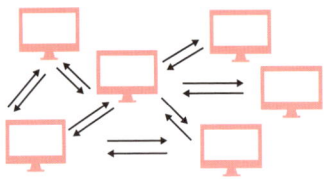

ブロックチェーンデータベース
ブロックチェーンのコピーを保存しておく

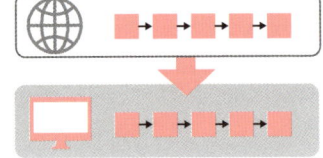

マイニング
マイニングを行う。マイニングを行っている
ノードのことをマイニングノードと呼ぶこともある

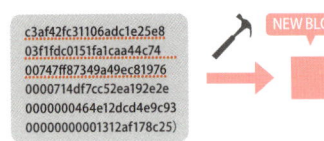

ウォレット
秘密鍵の管理、アドレス生成、
トランザクションの発行などを行う

1.ルーティング

　ビットコインのネットワーク上にあるほかのノードを見つけて接続する機能です。ネットワークに参加するために必須の機能なので、すべてのノードがこのルーティング機能を持っています。

2. ブロックチェーンデータベース

ブロックチェーンのコピーを保存しておく機能です。チェーンの最初のブロック（ジェネシスブロックと呼ばれます）から最新のブロックに至るまで、すべてのブロックの完全な記録を保持しているフルブロックチェーンノードと、ブロックヘッダ部分の記録のみを保持している軽量クライアント（SPVノード）があります。

3. マイニング

その名の通り、マイニングを行う機能です。マイニングを行っているノードのことを、特にマイニングノードと呼ぶこともあります。

4. ウォレット

秘密鍵を管理してビットコインアドレスを生成する機能、およびトランザクションに署名して送金指示を行う機能です。

● ビットコインネットワーク上のノードを見つける

ノードがビットコインネットワークに参加するには、まず既にネットワークに参加しているノードを見つけて接続する必要があります。とはいえ、初めてビットコインネットワークに接続する際には、アクティブなノードのIPアドレスがわかりません。そのため、まずは**DNS Seeds**と呼ばれるサーバーに問い合わせて、接続可能なノードを教えてもらいます。

DNS Seeds はビットコインの開発者コミュニティが運営しているDNSで、ネットワーク上のアクティブなフルノードのIPアドレスを収集し、提供しています。Bitcoin Core や BitcoinJ などの主要なビットコインクライアントには、あらかじめこのDNS Seeds に問い合わせする機能が用意されています。

● ノード同士で接続する

P2Pネットワークでは、ノードが接続している（対等な関係にある）ほかのノードのことを**ピア（Peer）**、もしくは**ピアノード**と呼びます。

新規に参加するノードは、DNS Seeds の情報を元にネットワーク上のアクティブなノードを発見した際、そのノードに自身の接続情報を送信します。

それを受け取ったノードは、自分のピアに新規ノードの接続情報をそのまま

転送します。そしてそれを受け取った次のピアも同様に、ピアから受け取った接続情報を転送し、そのまた次のピアも転送し……というように、次々と新規ノードの接続情報を伝播させます。

こうして、ピア同士で新規ノードも含めたアクティブなノードの接続情報を常に共有することで、ネットワークを保てるようにしておきます。

ビットコインのネットワークは誰でも自由に参加できるうえ、予告せず勝手に離脱するのも自由です。そのため、接続しているノードがいつ居なくなってしまうかわかりませんので、常にネットワークへの接続を保てるよう、ノードは常に複数の接続先を探しておく必要があります。

接続するノードの優先順位は、最後にピア同士の疎通確認が成功した時間順にソートしたリストを元に、決定されます（厳密にはリストの順番通りではなく、少しランダムな入れ替えも行いながら複数のノードに接続を試みます）。

また、ノードは一定時間ごとにピアに疎通確認のメッセージ送信を行い、90分間何のレスポンスも得られない場合はそのノードを**非アクティブとみなして接続を解除**します。

参考：

[Developer Guide - Bitcoin Peer Discovery]（https://bitcoin.org/en/developer-guide#peer-discovery）

● ブロックのダウンロード

フルノードとしてネットワークに参加する場合、接続が完了した時点で最新のメインチェーンのコピーをダウンロードしておきます。その際の具体的な流れは下記の通りです。

1. ノードはまず自分の持つ最新ブロックのハッシュ値をピアに送る
2. それが最新のものでない（とピアが判断した）場合、ピアは送られてきた**ブロックハッシュより500ブロック先のものまでのブロックを返す**
3. それをダウンロードし終わったら、またピアに最新のブロックを送って問い合わせる
4. これを全部のブロックがそろうまで繰り返す

なおこの際、軽量ノード（SPVノード）の場合はブロックチェーンの完全なコピーを持たず、ブロックヘッダ部分のみを保持します。送金処理などの際には、ほかのノード（フルノード）に都度問い合わせ、必要な情報を教えてもらうことで処理を行います。

■ ノードがビットコインネットワークに参加するまで

1.接続可能なノードを
DNS Seedsに問い合わせる

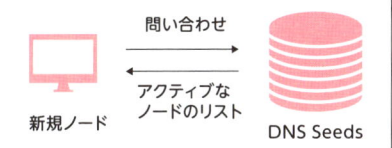

問い合わせ

アクティブな
ノードのリスト

新規ノード　　　　　DNS Seeds

2.ノード同士で接続する

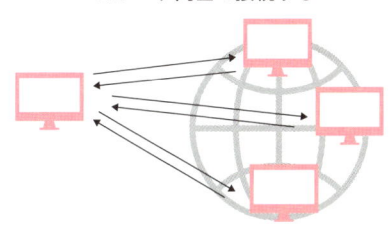

3.ブロックをダウンロードする

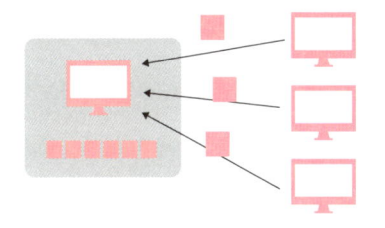

4.ネットワーク維持のため、
定期的に接続可能なノードを探す

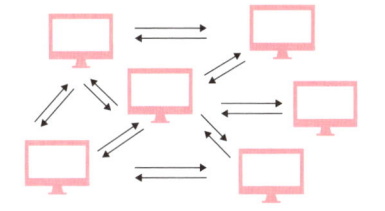

まとめ

- ▶ **ビットコインのネットワークは管理者不在のP2P方式で運用されている**
- ▶ **ネットワーク参加者（ノード）は4つの機能を担っている**
- ▶ **ノードはネットワーク上の既存ノードに接続することで新規に参加できる**

17 トランザクションとブロックの伝播

この節では、トランザクションやブロックなどのデータがネットワークを伝播する基本的な流れを整理します。加えて、トランザクションの二重送信を防いで、無駄のないデータ転送を実現する技術についても紹介しています。

● トランザクションの生成とブロードキャスト

　ビットコインの送金トランザクションは、移動元の資金を持つ所有者の秘密鍵により署名されます。トランザクションの生成自体はオンライン、オフラインを問わず可能です。しかし、それがブロックチェーンの一部となるためには、ビットコインネットワークのノードに届けられる必要があります。

　ビットコインはすべてのノードが対等な立場にあるP2Pネットワークで形成されているので、理論上はネットワーク上のアクティブなノードの少なくともどれか1つに届けば成功となりますが、特定のノードが故障していたり不正な処理を行ったりする可能性を考慮し、**初めから複数のノードに対してトランザクションをブロードキャスト**しておきます。そうしておけば、そのノードがきちんと仕事をしてくれるか、故障していないか、悪意あるものかをいちいち気にしなくても正常にネットワークに到達させることができます。

　なお、トランザクションには秘密鍵などの機密情報は一切含まれていないので、どんな手段で通信されてもかまいません。暗号化の必要すらなく、街中のカフェの公衆無線Wi-Fiのようなオープンなネットワーク経由でも何ら問題ありません。

● ノードによるトランザクション検証

　ノードはトランザクションを受け取ると、それが有効なものかどうかを検証します。検証の結果トランザクションが有効なものと確認されれば、ノードはすべてのピアにトランザクションを転送します。ここで新たにトランザクションを受け取っ

たノードも、独自の検証を経てまた次のピアノードにトランザクションを転送します。こうしてノードが自分とつながっているすべてのピアに次々とトランザクションを転送することで、トランザクションがネットワーク全体に伝播していくのです。

　スパムやDoS（サービス妨害）攻撃のような**悪意あるものは各ノードが独自に検証し破棄**するため、無効なトランザクションがネットワークに伝播することはありません。

● マイナーによる検証（マイニング）

　トランザクションは、最終的にマイナーによって新規ブロックに集積されます。マイナーはマイニングに成功すると、ピアに新規ブロックを転送します。

● ブロックのブロードキャスト

　ノードは、新規にブロックが生成されたという連絡をピアから受けると、自身の持つブロックチェーンに、そのブロックが追加されているかを確認します。追加されていなかった場合には、ピアにブロックのデータを送るように依頼します。依頼を受けたピアはブロックヘッダとブロック本体のデータをそれぞれ別に送信します。

　ピアから新しいブロックを受け取ったノードは、ブロックが有効なものであるかを検証します。トランザクションと同様に、それぞれのノードが独自に検証したうえで、有効なブロックのみが次のノードに転送され、ネットワークに浸透していきます。無効なブロックはこの際に破棄されて、それ以上転送されません。

　有効な新規ブロックは、ノードが持つブロックチェーンのローカルコピーに追加されます。追加が完了すると、また別のピアと、最新ブロックが一致しているか確認を行います。この確認作業と新規ブロックの受信サイクルをひたすら繰り返すことで、自身のブロックチェーンが常に最新の状態に保たれるよう更新し続けるのです。

■ トランザクション作成からネットワークに浸透するまでの流れ

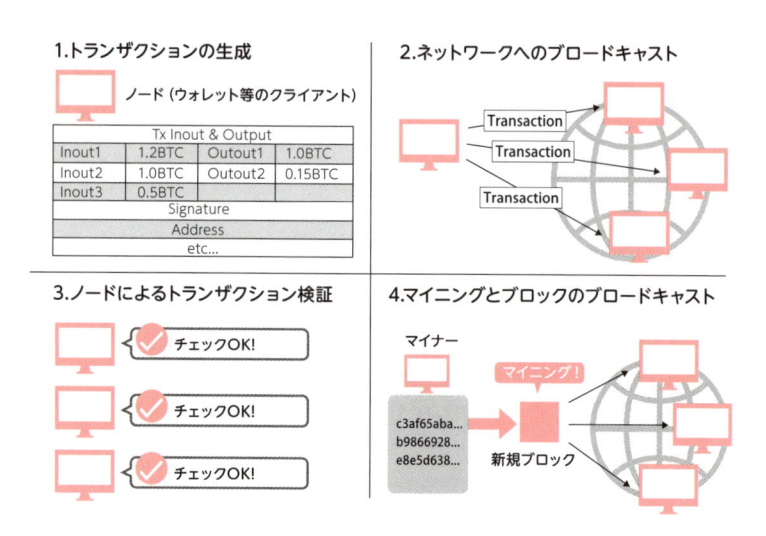

トランザクションの二重送信

　これまでに解説した伝達方法の場合、「ブロードキャストされたトランザクションを一時保管しているメモリプール」「マイニングされた新規ブロック」の2箇所に、同じトランザクションが重複して含まれる問題があります。同じトランザクションを、わざわざ2回送受信すると、ネットワークの帯域を無駄に消費してしまいます。

■ トランザクションの二重送信

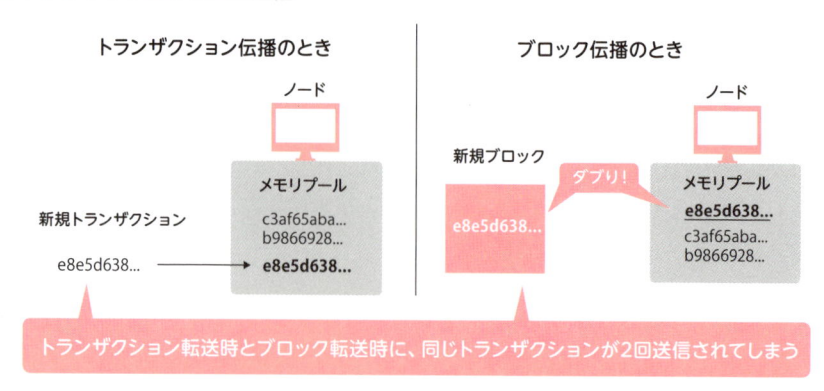

これを防ぐために考案されたのが、**Compact Block Relay** という方法です。

◉ 二重送信を防ぐCompact Block Relay

Compact Block Relayでは、生のトランザクションを送る前に「スケッチ」と呼ばれるデータをやり取りします。スケッチには **Short Transaction ID** と呼ばれる、個別のトランザクションを識別するためのIDが格納されています。Short Transaction IDは、ブロックヘッダや未承認トランザクションのハッシュ値などを元に生成されるので、スケッチを受け取ったノードもそれぞれ独自に計算して同じものを求めることが可能です。

スケッチを受け取ったノードは、まず自身のメモリープールにある未承認トランザクションのShort Transaction IDを計算し、スケッチに格納されているShort Transaction IDと比較します。ここでIDが一致するものがあれば、そのトランザクションはすでに自身のメモリプール内に持っていることになるので、わざわざピアから送ってもらう必要はありません。この場合、ノードは自身のメモリプールから該当するトランザクションを取り出し、自分でブロックに含めます。もし一致するものがなければ、送信元ノードに元のトランザクションデータをリクエストし、足りないトランザクションデータを補います。

この手順を繰り返し、新規ブロックに含まれるべきすべてのトランザクションがそろったら、それらを含んだブロックを構築して通常通りにブロックの検証を行います。検証の結果、ブロックの正当性が確認されたら自身の持つブロックチェーンに追加し、ピアに新規ブロックの情報を転送します。こうすることで自分がすでに持っているトランザクションの二重送信を防ぎ、通信量を減らして効率よくブロックの伝播を行うことができます。

Compact Block Relay には high-bandwidth mode（高帯域モード）と low-bandwidth mode（低帯域モード）の2つのモードが存在し、それぞれスケッチ送信のタイミングやノード間通信のフローが少し異なります。これら2つのモードについてさらに詳細な仕様を学びたい方は、Compact Block Relayが提案されたBIP-152のGithubを読むなどして調べてみるといいでしょう。

ビットコインブロックチェーンを支えるコア技術

■ 二重送信を防ぐCompact Block Relayのイメージ

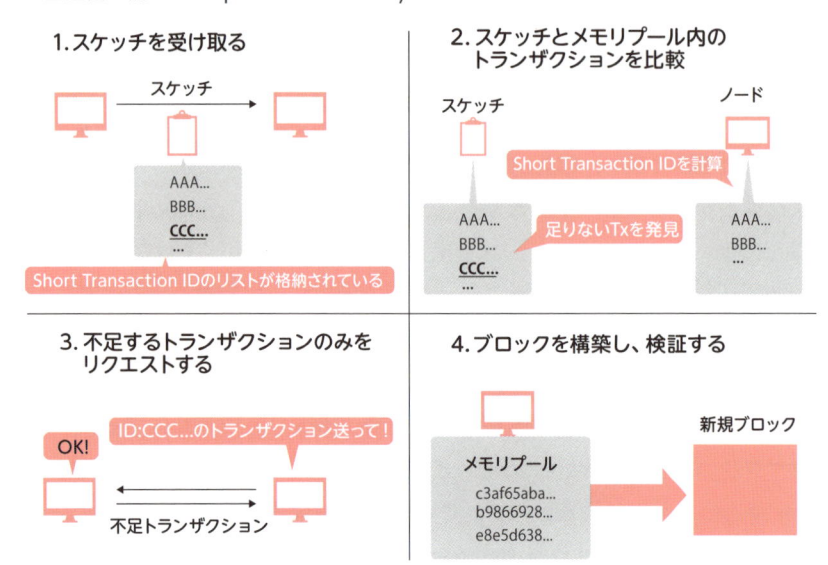

参考：

[bips/bip-0152.mediawiki at master · bitcoin/bips · GitHub](https://github.com/bitcoin/bips/blob/master/bip-0152.mediawiki)

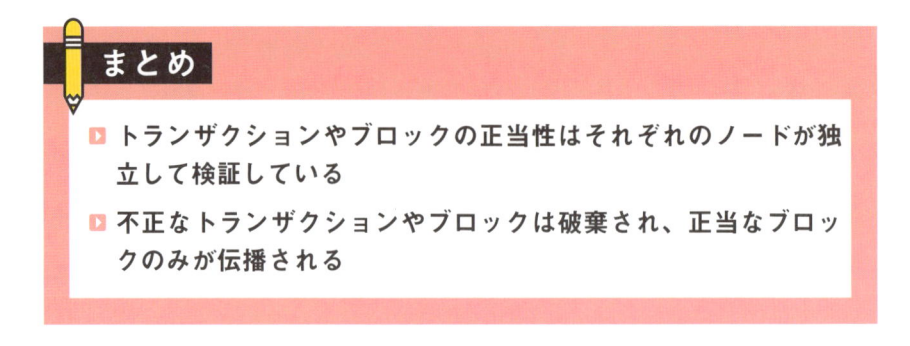

まとめ

- ▶ トランザクションやブロックの正当性はそれぞれのノードが独立して検証している
- ▶ 不正なトランザクションやブロックは破棄され、正当なブロックのみが伝播される

18 メモリープールとペンディングトランザクション

このセクションではネットワークに伝播された未承認トランザクションと、それを一時的に保管しておくメモリプールの仕組みを解説し、マイナーがどのような基準で未使用トランザクションからマイニング対象を選んでいるのかを整理していきます。

● 未承認トランザクションとメモリプール

　フルノードはまだブロックに追加されていない**未承認トランザクション（ペンディングトランザクション）**を保存、記録しています。この未承認トランザクションを一時的に保管しておく領域を**「メモリプール（memory pool、mempool）」**と呼びます。メモリプールの容量はノードのスペックに左右されるので、一定ではありません。未承認トランザクションはメモリプールの中でマイニング対象になるのを待ち、やがてブロックに追加されます。

　メモリプールはフルノードやマイナーだけでなく、SPVノードにとっても重要な役割を果たします。SPVノードはブロックヘッダしか保有しておらず、メモリープールを持たないため、各トランザクションの情報にアクセスして、それが有効な残高を使っているものであるか検証できません。そのため、フルノードがメモリプールに保管しているトランザクションデータを提供してもらう必要があります。

■ 未承認トランザクションとメモリプール

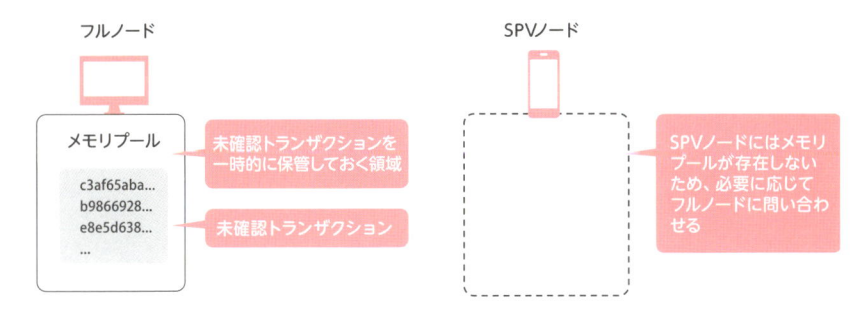

メモリプール内でのマイニング優先順位

　マイナーは、メモリプールに溜まっているペンディングトランザクションからブロックに追加するものを選び、マイニングして新たにブロックを生成するわけですが、その際の優先順位を決める要素に「**トランザクションの年齢**（＝先に作られたもの）」と「**トランザクション手数料**」があります。

　マイナーの目的は、マイニング時の利益を最大化することです。平たくいえば、一度のマイニングでできるだけ多額のビットコインを儲けたいというモチベーションがあります。マイナーにとっては手数料が高額に設定されているトランザクションから優先的にマイニングするほうが儲かるので、手数料が高いトランザクションが優先的にプールから取り出され、マイニング対象となります。ただし、手数料だけを基準にしてしまうと、手数料が低いトランザクションはいつまでたっても処理されないことになってしまうため、実際には、トランザクションの年齢を元に、優先度の高いトランザクションを判定しています。

　通常、ブロック内のトランザクションを記録するスペースの最初の50KBは、優先度が高いトランザクションのために予約されています。そのため、この50KBはトランザクション手数料によらず、もっとも優先度が高いトランザクションで埋められます。それ以降はトランザクション手数料が高いものから処理されていきます（実際には、トランザクション手数料をデータサイズで割った値が高い順に処理されていきます）。

■「年齢」と「手数料」を元に優先順位が決定される

Tx ID	年齢	手数料	優先順位
c3af65aba...	30	0.02BTC	1
b9866928...	15	0.01BTC	2
e8e5d638...	3	0.01BTC	3
...			...

・**手数料が高いものを優先**
　→マイニングの利益を最大化したいため

・**古いトランザクションを優先**
　→手数料が低いトランザクションがいつまでたっても処理されないことを防ぐ

■ 手数料額だけで優先順位が決まらないようにする仕組み

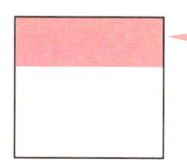

ブロック内のトランザクション部の
最初の50KBは
優先度が高いもののために
確保されている

・優先度＝（金額×年齢）/トランザクションのデータサイズ
・一定額以下の手数料の取引のみを対象とするなど、一定の条件の下で適用される

　上記のように、古いものから優先的に処理される仕組みは存在するものの、確実に自身のトランザクションをマイナーに処理してもらうためには、トランザクション手数料を高めに設定する必要があることがわかります。

　参考：

Mastering Bitcoin 第8章 マイニングとコンセンサス

[Developer Guide - Bitcoin]（https://bitcoin.org/en/developer-guide#memory-pool）

まとめ

▶ 未承認トランザクションを一時的に保管する領域をメモリプールと呼ぶ

▶ マイナーはメモリプールの未承認トランザクションをブロックに追加していく

▶ マイニングの優先順位はトランザクションの年齢と手数料の額により決まる

19 公開鍵暗号方式
～分散環境でセキュリティを担保するコア技術

共通鍵暗号と公開鍵暗号、ブロックチェーンに広く使用されている楕円曲線暗号（ECDSA）について解説します。これらの技術はブロックチェーンの根幹を支えるものですが、一般的なネットワーク通信でも広く利用されている実績あるものです。

● 共通鍵暗号方式と公開鍵暗号方式

現在広く使用されている暗号方式は、「**共通鍵暗号**」と「**公開鍵暗号**」です。下記にそれぞれの概要を記します。

● 共通鍵暗号方式

共通鍵暗号方式では、データの暗号化と復号に同じ鍵を用います。この方式は、鍵が1つで済むので非常にシンプルです。ただし、複数の通信先で同じ鍵を利用してしまうと、ある通信先に送信したデータを別のネットワーク参加者が復号できてしまうため、通信先ごとに異なるキーを用意しなければなりません。また、鍵を通信先に知らせる際に盗まれないような配慮が必要になります。

■ 共通鍵暗号方式での通信

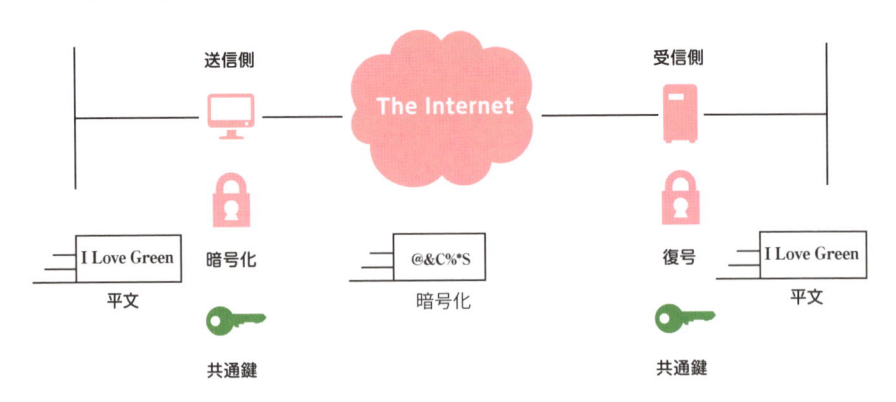

● 公開鍵暗号方式

　公開鍵暗号方式では秘密鍵と公開鍵という2つの別の鍵を用意し、公開鍵で
データを暗号化し、秘密鍵で復号を行います。公開鍵は、その名の通り通信先
に幅広く公開されますが、秘密鍵は自分以外に知られてはいけません。

　この方式を利用する場合、データ送信者は、データ受信者の公開鍵をあらか
じめ入手し、その公開鍵でデータを暗号化します。データ受信者は送られたデー
タを秘密鍵で復号することで、データを読み出します。

　一度暗号化されたものは、秘密鍵を使わなければ復号できないため、公開鍵
しか持たないほかのネットワーク参加者はデータを読み出すことはできませ
ん。このような仕組みであるため、共通鍵のように通信先ごとに別の鍵を作成
する必要がありません。

■ 公開鍵暗号方式での通信

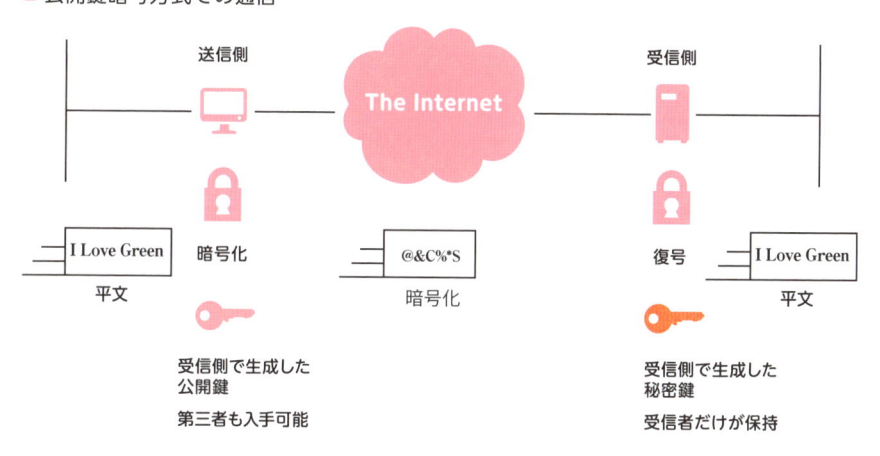

● 楕円曲線暗号 (ECDSA)

　現在、多くのブロックチェーンで採用されている署名アルゴリズムが、
ECDSA です。公開鍵暗号方式の一種で、楕円曲線 DSA などと呼ばれることも
あります。ECDSA はほかのよく知られた公開鍵暗号である RSA 署名や DSA な

どに比べ、短い鍵の長さで強度の強いセキュリティを得られることが利点です。

　ブロックチェーンでは、P2P方式により同じブロックのデータをすべての
ノードで共有する必要があるため、大きなデータを扱うことにはあまり向いて
いません。そこで、同程度の強度であれば公開鍵や署名文のサイズがRSAな
どと比較して小さく済ませられるECDSAがよく用いられています。

● ブロックチェーンと公開鍵暗号方式

　ブロックチェーンは公開鍵暗号方式（公開鍵、秘密鍵）によって成り立って
います。デジタルデータは基本的に複製や改ざんが容易に行えますが、公開鍵
暗号方式を用いたデジタル署名を用いることで、第三者がデータを不正にコ
ピーすることを防いだり、改ざんを検出したりすることができます。

　ブロックチェーンにおいては、通貨の残高やスマートコントラクトの状態を
変更するようなトランザクションを発行する際に、**必ず公開鍵と有効なデジタ
ル署名を付与する**必要があります。これにより、送りたいコインの所有権が自
分にあることを証明することができます（この仕組みは、次のセクションで解説
します）。また公開鍵と署名がネットワークに示され、誰の目からも確認できる
ことで、通貨の送り手がその時点で通貨を所有していたことが保証されます。

● 秘密鍵と公開鍵

　秘密鍵は基本的にはウォレットと呼ばれるソフトウェアにより生成、保存さ
れます。そのためユーザーがその存在を意識する機会はあまりないかもしれま
せん（例外的に、仮想通貨取引所などでは秘密鍵はユーザーでなく取引所が保
管します。通貨の所有権そのものである秘密鍵を他者に預けるのは本来好まし
くありませんが、保管の手間やトレードの利便性を考慮した結果、このような
設計になっています）。

　ビットコインで利用されているECDSAの場合、秘密鍵を元に楕円曲線暗号
のアルゴリズムを用いて公開鍵を生成します。この計算は一方向性の不可逆関
数（計算により得られた結果から類推して元の値を導くことが不可能であると
保証されているもの）であり、当然ながら公開鍵から秘密鍵を逆算して求める

ことはできません。

● 公開鍵とビットコインアドレス

　次に、受取人の公開鍵を元にハッシュ関数などを用いてビットコインアドレスが生成されます。こちらも不可逆性の関数になっており、**ビットコインアドレスから元の公開鍵を類推することはできません。**

　秘密鍵と公開鍵、ビットコインアドレスの関係は、下図のようなイメージになります。

■ 秘密鍵と公開鍵、ビットコインアドレスの関係

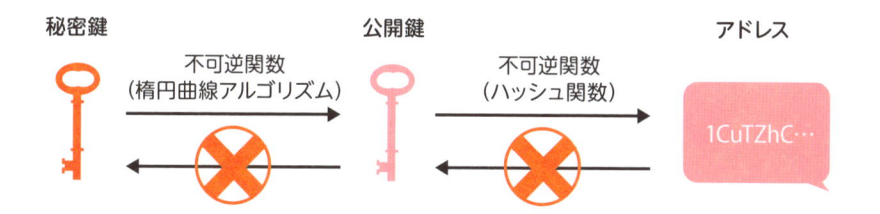

秘密鍵　　　　　　　　公開鍵　　　　　　　アドレス

不可逆関数　　　　　　　不可逆関数
（楕円曲線アルゴリズム）　　　（ハッシュ関数）

1CuTZhC…

✏️ まとめ

▶ **公開鍵暗号方式は長年利用されてきた実績のある暗号技術**

▶ **トランザクションに公開鍵とデジタル署名を付与することで所有権を証明する**

▶ **ブロックチェーンでは主に楕円曲線暗号（ECDSA）が利用されている**

20 デジタル署名
〜データが改ざんされていないことを保証する

デジタル署名は「デジタルなハンコ」であり、「あるデジタルデータがその本人によって確かに作成された」ことを証明、検証するために使われます。仮想通貨において、正しい所有者がトランザクションを作成したことを証明するコア技術の1つです。

● デジタル署名の仕組み

デジタル署名とは、デジタルデータで以下の2つのことを証明、検証するための仕組みです。

1. 本人によって確かに作成された
2. 作成後に、第三者によって改ざんされていない

これを実現するために、**「公開鍵暗号」と「ハッシュ関数」の2つの技術が利用されます。**「デジタル署名」と「電子署名」は異なる意味で使われることがあります。デジタル署名は、公開鍵暗号方式を利用した署名を指すことが多いため、本書ではブロックチェーンで使用する「公開鍵暗号」と「ハッシュ関数」で実現する署名を「デジタル署名」と呼びます。以下、その仕組みを見ていきましょう。

■ デジタル署名を使ったデータ送信

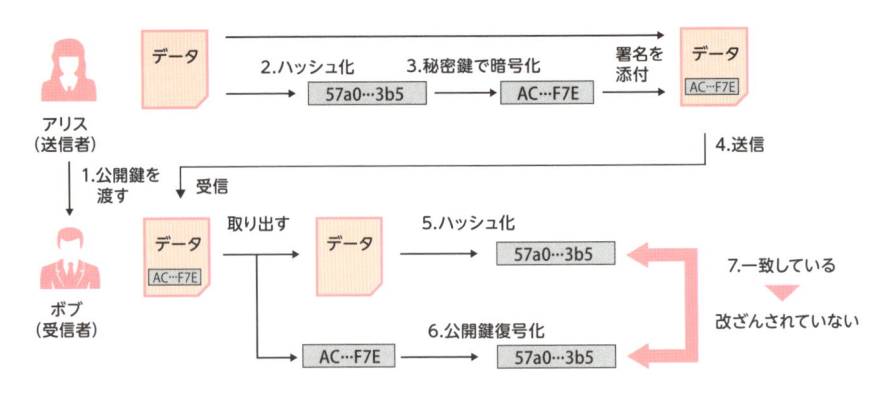

1. 送信者のアリスは、受信者のボブに対し署名の検証に利用するアリスの公開鍵を送信します。
2. アリスは署名を作成するためにハッシュ関数を利用して送信用データからハッシュ値を算出します。
3. アリスは算出されたハッシュ値を秘密鍵を利用し暗号化します。これでデジタル署名の作成が完了しました。
4. アリスは元のデータにデジタル署名を添付して送信します。
5. ボブは受け取った元のデータ部分から、ハッシュ関数を使ってハッシュ値を算出します。
6. ボブはあらかじめアリスから送信された公開鍵を利用して、デジタル署名部分のみを復号して、別のハッシュ値を算出します。
7. 5と6で生成されたハッシュ値を比較し一致していれば、アリスが作成したデータであり、その後改ざんされていないことが確認されます。

　上記で、仮に悪意ある第三者が内容を改ざんしようとすることを想定してみましょう。ただ目的のデータの内容を書き変えるだけだと、最後にボブがハッシュ値を比較した際に一致しません。そこで、署名部分も改ざんしようとします。しかし、秘密鍵はアリスしか保有していないため、肝心の署名部分をそもそも正しく作成することはできません。署名部分を適当に改ざんしてしまうと、やはりボブがハッシュ値を比較した際に両者が一致しません。つまり、**どのように改ざんしても、ボブに偽物だとバレてしまう**のです。

　これらデジタル署名の仕組みは、公開鍵暗号の3つの特性とハッシュ関数の2つの特性を利用して構築されています。

公開鍵暗号の3つの特性

・データを秘密鍵で暗号化した場合、公開鍵でデータの復号が可能

・公開鍵は、他人に公開していい

・秘密鍵は、非公開にしなくてはいけない

ハッシュ関数の2つの特性

・ハッシュ値から元の入力値（データ）を復元することはできない
・入力値（データ）が1ビットでも異なると、別のハッシュ値が生成される

● デジタル署名のブロックチェーンにおける活用

　デジタル署名は、ブロックチェーンのセキュリティにとって必須の技術です。ブロックチェーン上では、仮想通貨の残高などの状態を変更するようなトランザクションを発行する際に、必ず有効な署名を付与する必要があります。つまり、各トランザクションには1つの署名が付与されていることになります。

　トランザクションの中には、「公開鍵」と「署名」が1つずつ格納されています（本セクションはデジタル署名の紹介のため、トランザクションについての詳しい説明は省きます）。

・公開鍵は、通貨の送金先となるアドレスを示す
・署名は、送金者の秘密鍵によって作成されたもので送金者のアドレスから通貨の引き出しを可能にする。署名がない場合、送金はできない

　ブロックチェーンのトランザクションでは、**送金先と送金元の操作に「送金先である公開鍵」と「送金者本人の秘密鍵」が必要**です。そして、それにより送金者本人がトランザクションを発行したことが保証され、自分以外の誰かが勝手に残高を操作できないようになっています。一方で、秘密鍵を紛失し第三者に渡ると、自分の残高を奪われてしまいます。

　また、ネットワーク内のノードは、本人によってトランザクションが発行されたものか、そしてトランザクションの内容が改ざんされてないか、ハッシュ値を確認し検証します。

　ここでは、ビットコインのトランザクションを例にデジタル署名のブロックチェーンにおける活用を紹介します。

■ ブロックチェーンでのデジタル署名の活用例

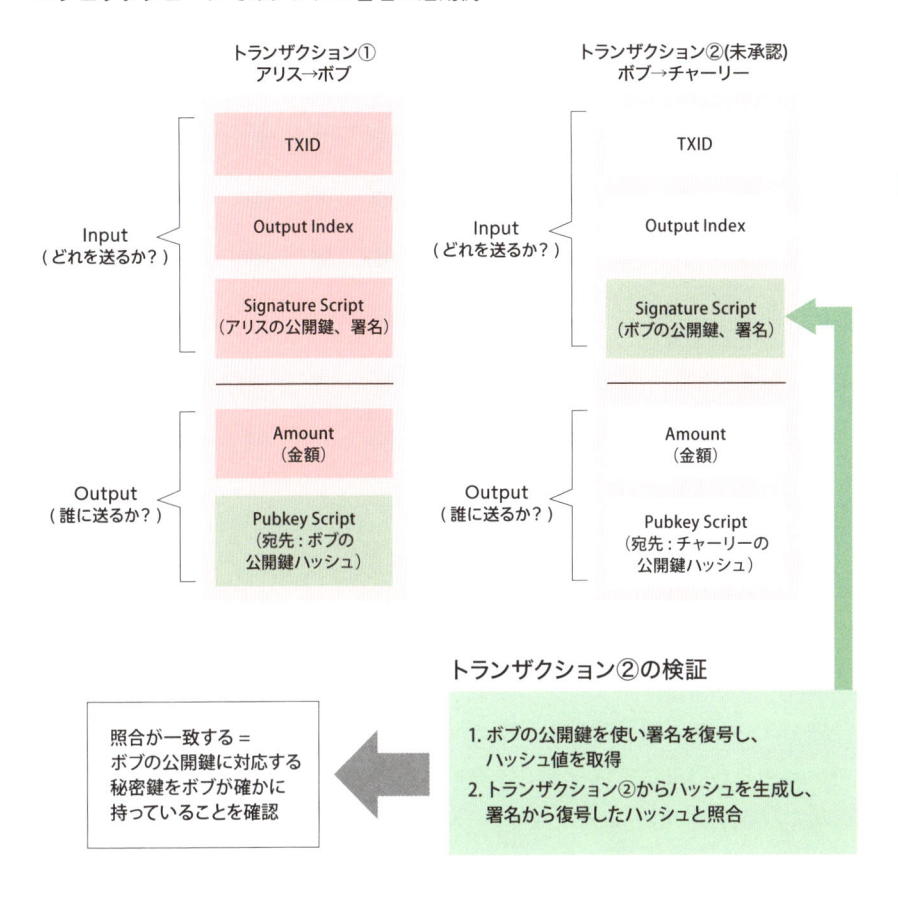

ボブが、以前アリスからもらったビットコインをチャーリーに送金するために、トランザクション②を作成しています。

トランザクション②には、インプット（入力）にボブの公開鍵と署名が含まれ、アウトプット（出力）には送金額と送金先のアドレスとして機能するチャーリーの公開鍵ハッシュ値が含まれています。

これらを検証する仕組みについて、トランザクション②の発行前から紹介します。

1. ボブはチャーリーに1BTC送金するために、outputに送金先であるチャーリーの公開鍵ハッシュを指定します。

2. ボブはトランザクションのinputに自分の秘密鍵で作成した署名と自分の公開鍵を付与します。ボブの署名と公開鍵はボブ本人がトランザクションを発行したことを証明するために付与され、ネットワーク上の各ノードが検証します。そして、ボブがトランザクション②を発行し、ネットワークに伝播されます。

3. トランザクションの検証では、各ノードがボブの公開鍵で署名を復号し、ハッシュ値を算出します。

4. 前のトランザクション①と当該トランザクション②の情報から算出されたハッシュ値と、送金主の署名から復号されるハッシュ値が一致しているか確認します。一致していたら、正当なトランザクションとして認められ、各ノードは隣接しているノードにトランザクションを送信します。

　これらの**検証を行うのはネットワークに存在する各ノード**であり、正当なトランザクションと認められれば別のノードへトランザクションが伝播され、検証が続いていきます。

　一方、ノードによる検証によってハッシュ値が一致せず、正当なトランザクションと認められなければ、その場でトランザクションは棄却されて取引は失敗に終わります。

● ビットコインのデジタル署名の必要性

トランザクションデータにデジタル署名を利用する理由は、次の2つです。

・本人認証
　送金者本人が作成したトランザクションのデータであることを証明し、なりすましを防ぐ
・改ざん検知
　トランザクションのデータに改ざんがないことを証明する

　このようにブロックチェーンでは、デジタル署名を利用することで、本人確認やデータの改ざんを検証しています。

まとめ

▶ **デジタル署名は、作成後に改ざんされていないことを証明するもの**

▶ **ビットコインの送金では、送金先である公開鍵と送金者本人の秘密鍵が必要**

21 ハッシュ関数
～元のデータを再現できない特徴を活用

この節では、ブロックチェーンのあらゆる部分で使用されているハッシュ関数について学習します。特に、ハッシュ関数を利用してトランザクションを要約するマークルツリーは非常に重要で、仕組み自体も大変興味深いものとなっています。

● ハッシュ関数

　ハッシュ関数とは、入力されたデータを変換してまったく異なる固定長のデータ（文字列など）を導く関数です。出力される固定長のデータを、ハッシュ値と呼びます。ハッシュ関数はブロックチェーンのさまざまな箇所で使用されていますが、それ自体は実は真新しいものではなく、パスワードの安全な保存、デジタル署名、データ探索の効率化などの用途ですでに広く使われており、十分に実績のある技術です。

　ハッシュ関数の中で、特に暗号学的ハッシュ関数と呼ばれるハッシュ関数がブロックチェーン技術でよく用いられており、次のような4つの特徴が知られています。

　1. ハッシュ値から元の入力値を求めることはできない
　2. 入力が1ビットでも違うとまったく異なる値を返す
　3. 常に固定長の結果を返す
　4. 衝突耐性がある

4つの特徴を詳しく説明していきます。

● ハッシュ値から元の入力値を求めることはできない（不可逆である）

　ハッシュ関数で変換して得られた値は、それを利用して元の入力値を逆算して求めることができません。この性質は**不可逆性、一方向性**などと呼ばれます。

ハッシュ関数の計算自体は容易に行えるものですが、逆に戻す手段がないため、もし元の値が知りたければ、ランダムな値をひたすらハッシュ関数に入力し、いつか偶然に同じ結果が得られるまでひたすら総あたりで計算を繰り返すことになります。

しかし、元の入力値は文字列の長さもわからないため、無限の可能性があり、総あたりで特定していくのも現実的な方法ではありません。このような理由から、実質的にハッシュ値から入力値を特定することはできないとされます。

● 入力が1ビットでも違うとまったく異なる値を返す

ハッシュ関数は入力されたデータが同じであれば常に同じ結果を返します。しかし、もし入力データが1ビットでも違えば、まったく異なる結果を返します。そのためデータが改ざんされ、わずか1文字でも違う値になっていた場合、ハッシュ値を求めればまったく異なるものになるためすぐに検出できるのです。

ブロックチェーンでは、すべてのブロックが自分の親ブロックのハッシュ値を持っています。もし過去ブロックがわずかにでも改ざんされていればハッシュ値がまったく異なる値に変わってしまい、改ざんが行われたことが一目瞭然です。ブロックチェーンでは、このような仕組みで過去の取引記録の改ざんを防いでいるのです。

● 常に固定長の結果を返す

ハッシュ関数は入力データのサイズに関わらず、常に一定の長さ（固定長）の結果を返します。そのため、大きなデータもハッシュ値にして保存しておけばサイズが小さくて済みます。

また、どんな長さのデータを入力しても一定の長さにまとめられてしまうことで、元のデータの推測をより困難にしており、ハッシュ関数の不可逆性にも貢献しています。

　異なる入力値にも関わらず、偶然にまったく**同じハッシュ値が導かれてしま**うことを**ハッシュの衝突と呼びます**。もしハッシュの衝突が起きてしまえば、ハッシュ関数を用いてデータが改ざんされていないことを担保できなくなってしまいます。そのため、ハッシュ関数は衝突が起きにくいものでなければなりません。このように、ハッシュの衝突が起きない、あるいはその可能性が無視できるほど低く、現実的にはまずありえない水準に抑えられているような場合、その性質を**衝突耐性**と呼びます。実際にブロックチェーンに使われるハッシュ関数は、高い衝突耐性を持っているとされています。

■ ハッシュ関数の特徴

不可逆である
ハッシュ値から元の入力値を
求めることはできない

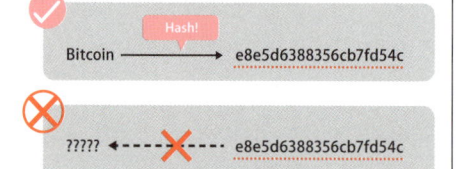

**入力が1ビットでも違うと
まったく異なる値を返す**
データが改ざんされた場合、ハッシュ値が
まったく異なるものになるため検出が容易

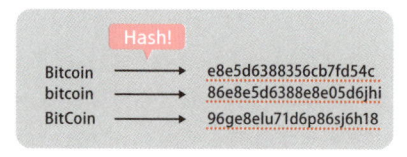

常に固定長の結果を返す
入力データのサイズに関わらず、
結果は常に一定の長さ

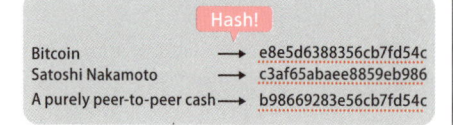

衝突耐性がある
異なる入力データから同じハッシュ値が
生成されることがない

● SHA256ハッシュの具体例

　下記はビットコインで使用されている**SHA-256ハッシュ関数**（Secure Hash Algorithm 256bit）を用いて、いくつかの文字列をハッシュ化した際の具体例です。

■ SHA-256ハッシュ関数でのハッシュ値

	入力した値	ハッシュ値
①	satoshi	da2876b3eb31edb4436fa4650673fc6f01f90de2f1793c4ec332b2387b09726f
②	Satoshi	002688cc350a5333a87fa622eacec626c3d1c0ebf9f3793de3885fa254d7e393
③	s	043a718774c572bd8a25adbeb1bfcd5c0256ae11cecf9f9c3f925d0e52beaf89
④	A purely peer-to-peer version of electronic cash would allow online payments to be sent directly from one party to another without going through a financial institution.	0fab2b7613d8fba09716aba721eeaf25f02612737ba5f47e5aaa042ecb159211

　①"satoshi"、②"Satoshi"のように、入力値の先頭の1文字だけを変えた場合にもまったく異なるハッシュ値が導かれていることがわかります。

　③"s"のようなアルファベット1文字の場合や、④"A purely peer-to-peer…"のようにハッシュ値よりも長い文字列を渡した場合のいずれも、同じ長さの結果が返されているのがわかります。

● ハッシュ関数でトランザクションを要約する技術「マークルツリー」

　マークルツリーとは、木構造（tree）でデータを管理する技術です。ハッシュ関数を用いて計算、構築されることから、ハッシュツリーと呼ばれることもあります。ブロックチェーンではトランザクションを1つのハッシュ値にまとめ上げ、要約するためにマークルツリーが使用されています。

　ここで、先に学習したブロックの構造を復習しておきましょう。ブロックのヘッダ部分には、改ざんを防ぐために親ブロックのハッシュ値などのデータが

格納されていました。これに加え、ブロックヘッダにはそのブロックが持つトランザクションのデータをハッシュ値として1つにまとめたものが記録されています（下図の「**ルートハッシュ**」にあたる部分です）。

■ マークルツリーによるトランザクションの要約

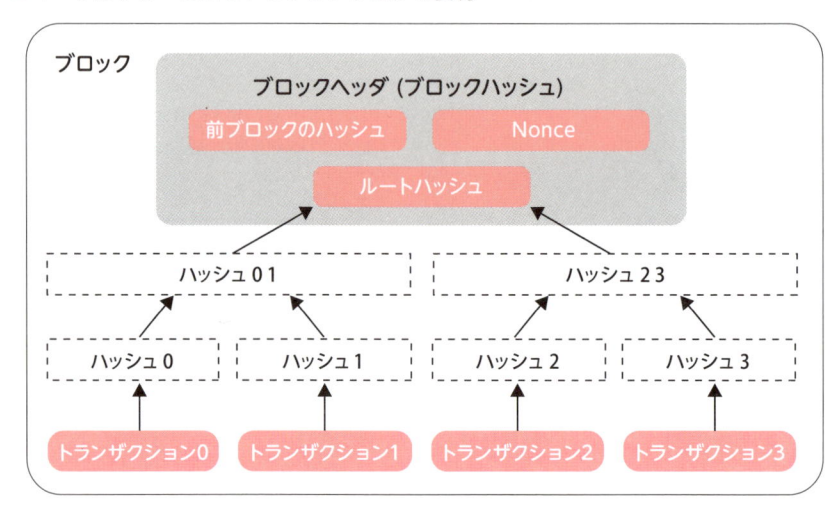

　マークルツリーを用い、次節に示す手順でトランザクションをハッシュ化していくと、わずか256bitでブロック内のトランザクションを要約することが可能になります。

■ マークルツリーがトランザクションをまとめ上げる手順

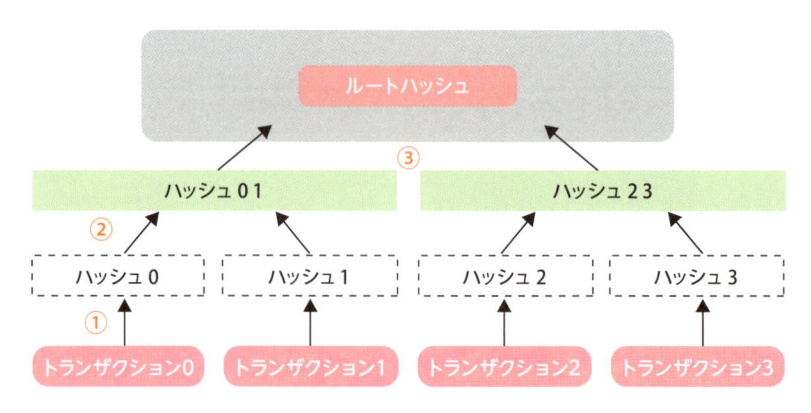

①それぞれのトランザクション（Tx）のハッシュ値を求めます。

②ハッシュ0とハッシュ1の2つのハッシュ値を足し合わせ、その値のハッシュ値（ハッシュ01）を求めます。この手順によって2つのハッシュ値を1つのハッシュ値にまとめることができます。

③同様に、ハッシュ01とハッシュ23を足し合わせたうえで、そのハッシュ値を求めます。

この手順を最終的に1つのハッシュ値になるまで繰り返し、すべてのトランザクションをまとめたハッシュ値（ルートハッシュと呼ばれる）を求めます。

このようにしてすべてのトランザクションのハッシュ値を1つにまとめることで、いずれかのトランザクションがほんの1文字でも改ざんされていれば最終的なルートハッシュの値が一致しなくなるため、容易に改ざんを検出できるようになります。

まとめ

▶ **入力値をまったく異なる固定長のデータに変換する関数をハッシュ関数と呼ぶ**

▶ **ハッシュ関数はトランザクションの要約や改ざん対策などの目的で使用される**

22 ビザンチン将軍問題
〜偽の情報伝達の問題と対策

信頼できない（嘘をつく）参加者がいるネットワークでは、どのように合意形成を行えばいいかが昔から問題になっていました。これをビザンチン将軍問題といいます。ここでは、ビットコインがどのようにこの問題に対処しているかを見ていきましょう。

● ビザンチン将軍問題とは

　ビザンチン将軍問題とは、1982年にコンピューター科学者であるレスリー・ランポート氏らによって定式化された問題で、ブロックチェーン誕生以前から分散ネットワーク上での課題でした。これは、分散ネットワークにおいて、嘘をつくノードや故障したノードから誤ったデータが送信された場合、唯一の正しい値をネットワーク全体で合意できるかを問う問題です。

　そもそもすべてのノードが正直で、正常に動作していれば、ビザンチン将軍問題は発生しません。しかし、ノードのコンピューターが故障していたり、故意に偽の情報を流すノード、またはネットワークに何らかの攻撃を仕掛けてくるノードがいたりする場合には、分散ネットワークは正しい情報を全員で正確に共有できないため、同じ値の共有や同じ値に基づいた計算が難しくなってしまいます。

　そこで分散ネットワークを設計するにあたっては、ビザンチン将軍問題が発生してもネットワークが正しい唯一の値に合意できるという性質、**Byzantine Fault Tolerance（BFT、ビザンチン障害耐性）**を考慮しなければなりません。

■ クライアントサーバー型とP2Pネットワーク型の比較

合意形成が容易

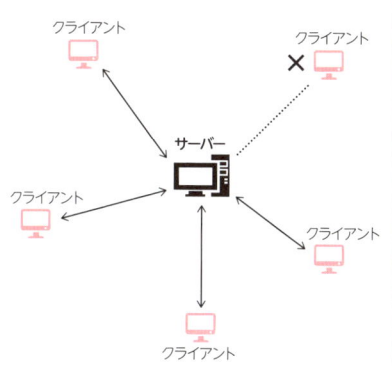

合意形成が難しい

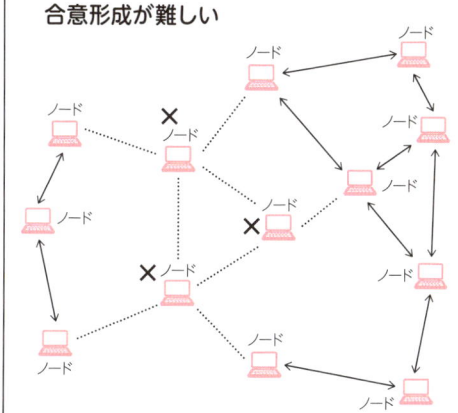

● ビザンチン将軍問題の由来

　そもそも「ビザンチン将軍問題」は、コンピューターサイエンス上の問題を古代ヨーロッパのビザンチン帝国の将軍に例えたものです。ビザンチン帝国が敵の城を攻め落とそうとしており、城を囲むことに成功しました。このビザンチン軍は9人の将軍がそれぞれ統括する9つの部隊から構成されています。ビザンチン軍の各部隊はそれぞれ敵の城を囲んでおり離れているため、1対1でしかお互いに連絡できない状況でした。このビザンチン軍は、多数決で敵の城を攻め落とすかどうかを決断します。この戦いでは、将軍全員が同時に攻め込まないと城が落とせない状況であったため、1人の将軍だけでも別の行動を取ってしまっては、城を攻め落とすことはできません。

　これらの将軍の中に、ビザンチン帝国を恨む「裏切り者」がいた場合はどうなるでしょうか。「攻撃」前に、それぞれの将軍は自分の部隊が「攻撃」するか「撤退」するかの判断を、伝令兵を使ってほかの8つの部隊に伝えます。その結果、全体に伝令が行き届いた段階で、それぞれの将軍が「攻撃」するか「撤退」するかを最終決定します。このような場面では、もし裏切り者が1名だけであっても、全体の攻撃が失敗してしまうケースがあるのです。例えば、「攻撃」と「撤退」が4部隊ずつ分かれてしまった場合、残り1つの部隊を束ねる将軍が裏切り者なら、それぞれに別の答え（「攻撃」を伝えてきた部隊には「攻撃」を、撤退を

伝えてきた部隊には「撤退」を伝える）を伝えることで、全体を混乱させ、攻撃を失敗させることができるのです。

　これはビザンチン将軍問題と呼ばれ、長く分散ネットワークにおける合意形成における課題と考えられてきました。

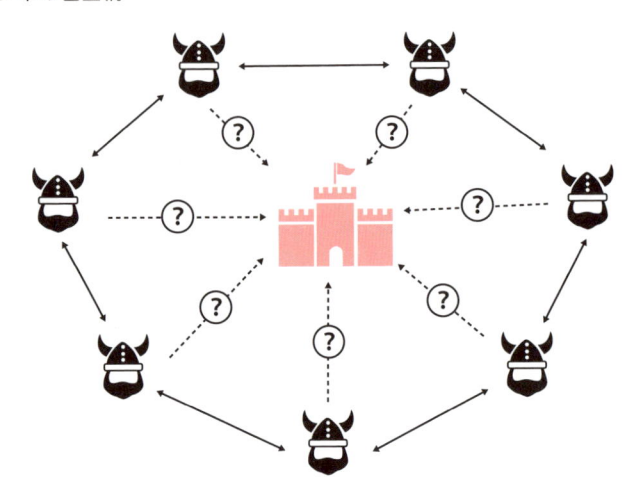

● ビットコインにおける合意方法

　ビットコインの生みの親、サトシナカモトは、2008年にビットコインの概念を唱えたメールの中で、「プルーフ・オブ・ワークはビザンチン将軍問題への解決策を与えた」（参考：https://www.mail-archive.com/cryptography@metzdowd.com/msg09997.html）と述べています。

　では、ビットコインネットワークにおける将軍たちは、どのようにして合意に達するのでしょうか。ビットコインでは、受信した未処理のトランザクション（伝令）に対して、それぞれの将軍は10分ほどかかるPoWを施します。膨大な量の計算を行い、最初に答えを見つけた将軍は、ブロックを生成しネットワークに発信します。それは全員に受信され、それぞれ個別にそのブロックが正当かどうか検証します。そして検証されたブロックが各将軍たちのチェーンにつながれると、その値は合意形成に成功したことになります。

もちろん、この検証されたブロックを無視して、別のブロックを形成することはできるでしょう。ただしPoWでは、もっとも長いチェーンが正当なチェーンとみなされるルールがあるため、自分だけが別のブロックを形成しようとしている間に、ほかのすべての参加者は検証されたブロックの次のブロックを合意しようとして計算を始められるため、それを覆すことは容易ではなく、現実的には行われません。

　これにより、PoWの合意はブロックが生成された時点では確定はしていないものの、時間を経るにつれて、**覆る確率が限りなく0%に近い値に収束する**仕組みになっています。

■ PoW による合意形成

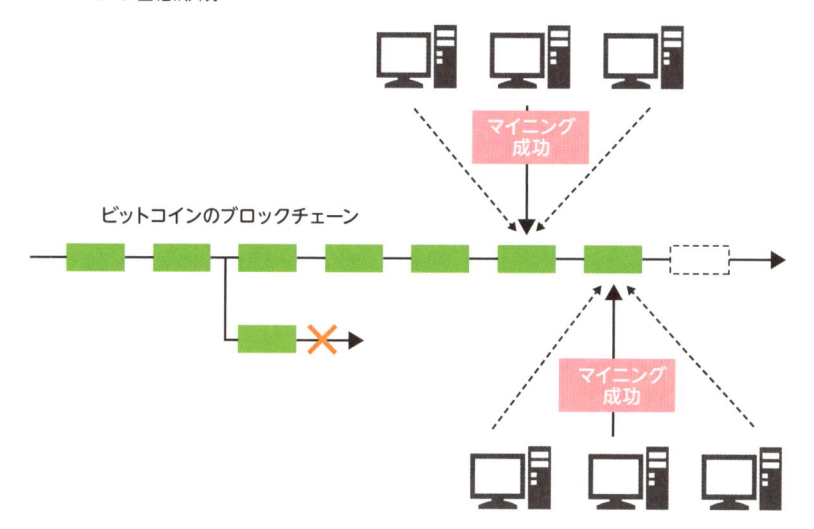

ビットコインのブロックチェーン

　上記の流れでは、1つの値に合意していますが、正確にはビザンチン将軍問題をまだ解決しておらず、合意形成もしていません。その問題点を次に説明していきます。

● 実際には解決できていない

　サトシ・ナカモトの考えは本当に正しいのでしょうか？ 結論は、ビットコインの仕組みは、ビザンチン将軍問題を実際には解決していません。なぜならこの問題を解決したと断言するには、全ノードが同一の値を保持して、その値が覆る確率が厳密に0にならなければいけません。覆る可能性が0の状態では、その値が今後変更される可能性がなく、厳密にその値が確定したことを意味します。このような合意を実現する仕組みを「**確定的状態マシン（Deterministic State Machine）**」と呼びます。

　一方ブロックチェーンは、値の覆る可能性が確率論的に0に収束するだけで、0に厳密に等しくなることはありません。これは一度生成されたブロックを覆すことも理論的に可能な状態を意味しています。このようなブロックチェーンの仕組みを「確定的状態マシン」に対して、「**確率的状態マシン（Probabilistic State Machine）**」と呼びます。つまりブロックチェーンの仕組みでは、理論的には合意形成が確定しないため、「ビザンチン将軍問題」を実際には解決できていないということです。このようにビットコインのPoWの合意は、1つの値に確定するわけではないため、コンセンサスアルゴリズムではないという主張があり、正確には「**ナカモト・コンセンサス**」と呼んで区別しています。

■ 確定的状態マシンと確率的状態マシン

	確定的状態マシン	確率的状態マシン
具体例	PBFT、Raft	ビットコイン
合意形成	合意を確定できる	合意されるが、覆る可能性がある
参加者	特定多数	不特定多数
値の決め方	参加者の総数を利用	計算能力（ハッシュパワー）を利用

■ 確定的状態マシン

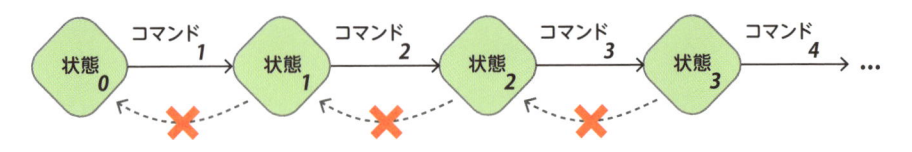

118

■ ブロックチェーンの確率的状態マシン

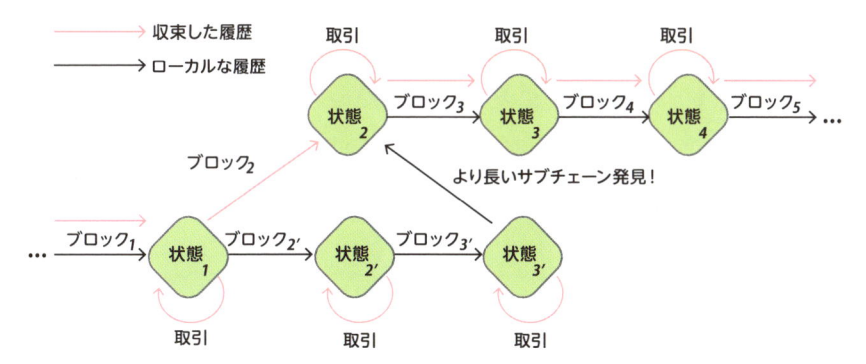

参考：

斉藤 賢爾「フィンテックと分散システム」（2016年1月6日）

✏️ **まとめ**

▶ 「不特定多数の分散ネットワークで合意形成する」課題がビザンチン将軍問題

▶ PoW は確率的状態マシンと呼ばれ、実際にはビザンチン将軍問題を解決していない

23 reorg
〜チェーンを正当な状態に再編成

reorg（リオーグ）は、Reorganizationの略で「メインチェーンとしていたチェーンが別の
チェーンと入れ替わる」ことです。分岐したチェーンがメインチェーンになり、それまでの
メインチェーンは破棄されます。

○ 概要

reorgとは、分岐したチェーンをメインチェーンにする動きのことです。ビッ
トコインなどは性質上、分岐したうちの累積難易度が高いチェーンが正当とみ
なされることから、reorgの際にはほかのチェーンは破棄され、メインチェー
ンのみが残ります。

「チェーンが破棄される」といっても、採用されなかったチェーンに含まれ
るトランザクションがネットワークから破棄されるわけではありません。

これらのトランザクションはいったんトランザクションプールに戻され、再
びマイニング対象となり後に生成されるブロックに格納されます。こうして、
破棄されたチェーンに含まれていたトランザクションも、いずれメインチェー
ンに取り込まれることになります。

■ ブロックチェーンのReorg

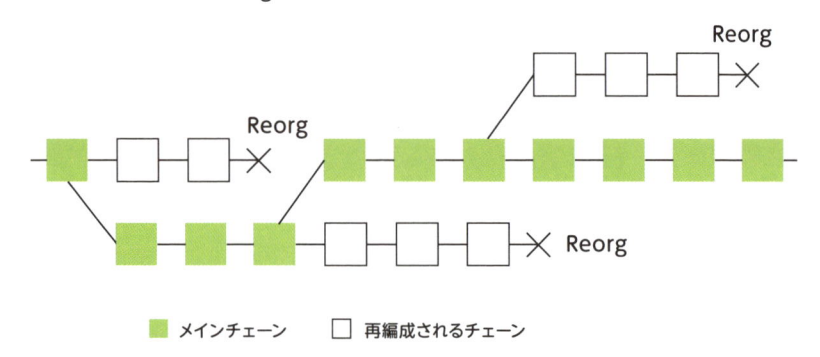

120

ブロックチェーンを1つのチェーンにまとめるのは、取引の整合性を保つためです。複数のチェーンが存在していると、各ノードで承認している取引が異なってしまい、分散台帳として機能しません。

● 主要なreorgの例

reorgはビットコインなどではよく発生する現象です。多くのファイナリティのあるブロックチェーンでは発生しません。reorgにはマイナーによる自然発生的なものと、悪意ある攻撃者によるものがあります。

・**マイナーによる自然発生的なreorg**

自然発生的なreorgはマイニング時に偶発的に発生します。ブロックチェーン上で各マイナーは同時にブロック生成をするため、自然とチェーンが分岐してしまうのです。

・**攻撃者による悪意のある意図的なreorg**

攻撃者による悪意のある意図的なreorgは、マイニングの難易度が低い場合に起こる可能性があります。

承認（コンファーメーション）とは、あるトランザクションがマイニングされて新しいブロックに格納されたときに使われ、承認数とは、当該トランザクションが格納されているブロックの後に承認されたブロックの数のことです。ビットコインの場合は確率的に6承認が取れたトランザクションはチェーンのreorgによる未承認化の可能性が非常に低いので、確定されたものだとみなします。

マイニング難易度が低ければ51%以上のハッシュパワーを得るためのハードルが下がりますから、攻撃者1人（あるいはグループ）でマイニングに成功し続け、単独でチェーンを伸ばすことが可能になります。

また必要な承認数が少なければ、攻撃に必要なブロック数も減り、より少ない計算量で攻撃を行うことができます。

reorgを利用した攻撃として、一般的に**Block Withholding Attack**が知られています。2018年には実際にこの手法を用いて、PoWチェーンによって運用

されているモナコインという仮想通貨が攻撃を受けました。Block Withholding Attackは、あるメインチェーンを攻撃者が作成したチェーンにreorgさせ、意図的にあるトランザクションを一定期間無効にする攻撃手法です（詳しくは第6章で説明します）。

まとめ

- 分岐したチェーンを1本のメインチェーンに再編成することをreorgと呼ぶ
- 自然発生的なreorgと、悪意ある攻撃によるreorgがある

24 データベースとしての ブロックチェーン

データベースとしてのブロックチェーンの特徴は、**中央サーバーを持たない点**です。指示を出す中央サーバーがいないため、ブロックチェーンのノードはデータに関わる処理をネットワークであらかじめ決められたルールに基づき、**各自が個別に実行**します。

● 中央管理型データベースの概要

　中央管理型データベースは、現在企業の業務で一番多く採用されているデータベースの仕組みです。中央管理型データベースは、データを1つの中央サーバーに保存しています。クライアントからのデータの引き出し要求などに応じて、1つずつ処理していきます。

　中央管理型データベースは中央サーバーによる一元管理が行われるため、データの重複や不整合が防止できるなど、効率的なデータ管理が可能です。その一方で、内部による不正や**単一障害点によるシステムの脆弱性**があります。

■ 中央管理型データベース

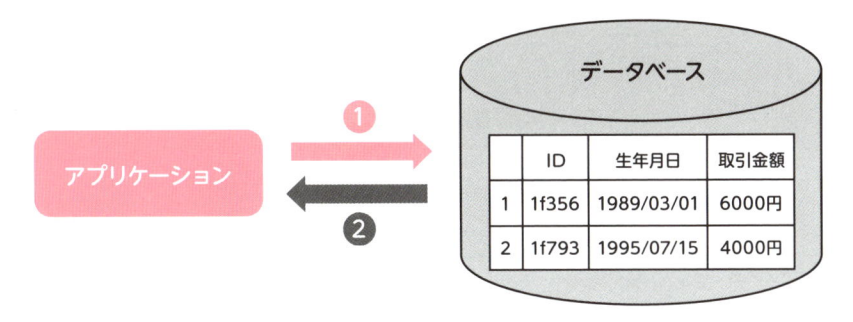

● 分散型データベースの概要

　さまざまな種類の分散データベースがありますが、ここでは企業が業務で利用する一般的な分散データベースについて説明していきます。分散データベースとは、分散して稼働しているコンピューター上で、データの保存やクライアントからのリクエストの処理を行うデータベースのことです。

　中央管理型のデータベースでは、1つのデータベースに処理・検索・保存などが集中するため、高負荷がかかってしまいます。この問題点を克服するために、分散データベースでは、**処理・検索・保存などを分離して行い、データベースが高負荷状態になることを解消**します。

■ 分散型データベース

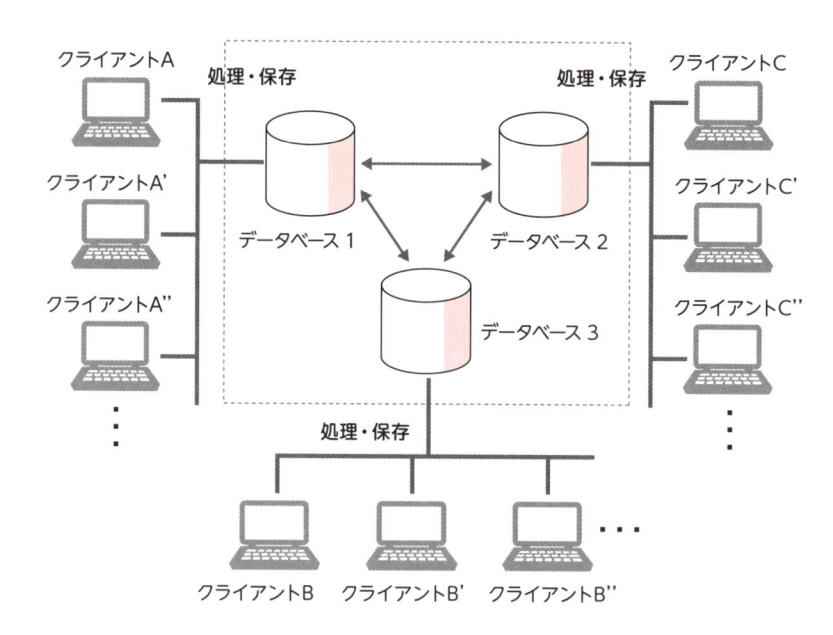

　まず、複数のデータベースが稼働することで、データの保存と処理の作業を分離して行います。そのため、一度により多くのクライアントからのリクエストを処理できるようになっています。また、各データベースに保存されるデータは、分割して保存されます。分割されたデータの断片は、複数のデータベー

スで重複して保存されるため、データの欠損・流出や一部のデータベースの故障に対応できるようになっています。この分散保存の仕組みにより、システムの単一障害点が解消されています。

　以上のようにして分散データベースは、安全性や処理能力を向上させ、効率の高いシステムを実現しています。

● そのほかの分散型データベース

　そのほかの分散データベースに、**Winny**があります。このソフトを利用することで、ユーザーはピュアなP2Pの通信形態でさまざまなファイルを共有することができます。共有されるファイルは断片化されて、複数のノードに保存される仕組みになっていました。

　ほかには、**IPFS（InterPlanetary File System）**という分散型P2Pファイル共有システムがあります。IPFSとブロックチェーンの違いの1つとして、承認作業が行われず、データの真正性が担保されていないという点があります。

● データベースとしてのブロックチェーン

　ブロックチェーンでは、同じデータ保存と同じデータ処理を、全ノードが行います。ビットコインノードの場合、通貨に関する台帳データを保存、処理、検索します。イーサリアムノードでは、通貨に関するデータに加えて、ワールドコンピューターとして状態変数に関するデータも保存、処理、検索します。

　中央型データベースや分散型データベースのような既存の仕組みではなく、ブロックチェーンを利用する理由とは、何でしょうか。それは、第三者を信用することなく、自分で検証可能な合意された正しいデータを利用できる点です。

　ブロックチェーンでは、巧みな経済的インセンティブ設計により、取引手数料を払うだけで、ユーザーはシステムを利用できるようになっています。これは、マイナーが取引手数料とブロック報酬を稼働資金にして、システムを支えているからです。またPoWにより正しいと合意されたデータは、誰でもNonce値の計算をすることにより、改ざんがされていないと確認することができます。

各ノードは自立的にデータの処理・保存を非同期に行います。最長のブロックを取り込んだ時点でデータが同期され、全ノードは同じデータを保持します。ただし、ブロック生成の難易度がコントロールされているため、ノード数を増やしても処理能力の向上は見込めません。

　ビットコインなどのデータベースでは、台帳に関する通貨のデータを追記していくことしかできません。一方、既存のデータベースでは、保存してあるデータを後から変更することが可能になっています。

■ ブロックチェーンでのブロックの伝播

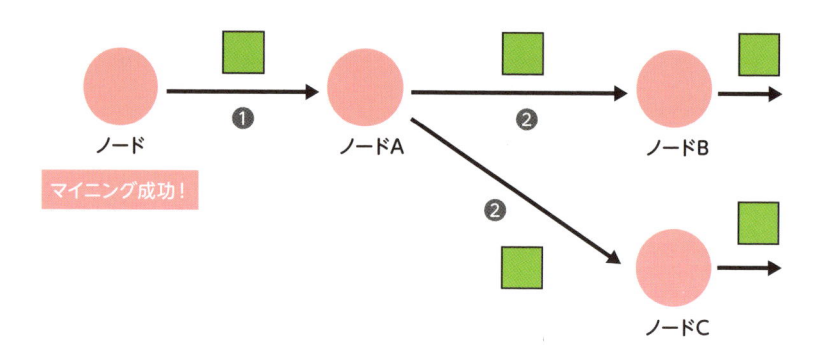

例：

1. マイニングされたブロックはノードＡに伝わります。ノードＡはブロックを保存します。

2. ブロックを取得したノードＡは別のノードにブロックを伝えます。

　ノードが能動的にブロックの伝播を行い、ネットワークに参加するノードがブロックのデータを保持します。そして、ノードはまた別のノードにブロックを伝えるといった循環が成されます。

3つのデータベースの違い

中央管理型データベースと分散型データベース、ブロックチェーンの比較です。

	中央管理型 データベース	分散型 データベース	ブロック チェーン
中央サーバー	あり	なし	なし
全データの 消滅リスク	可能性あり	低い	低い
データの改ざん、 流出リスク	外部侵入・ 内部の不正あり	外部侵入・ 内部の不正あり	暗号理論上困難
データ管理	矛盾のないデータ 管理が可能	矛盾のないデータ 管理が可能	矛盾のないデータ 管理が可能
ノード増加による 処理能力向上	可能	可能	技術開発中

まとめ

- ▶ ブロックチェーンはすべてのノードで合意した同一のデータを保管・管理する
- ▶ そのため、改ざん不可能で矛盾のないデータ管理が可能になった
- ▶ 分散型DBのような負荷分散や処理能力の向上といったメリットはない

25 電子マネーと仮想通貨は何が違うのか

電子マネーは管理者の信頼により価値が担保され、取引情報は管理者のサーバーで管理されています。一方、ビットコインを始めとした仮想通貨は管理者が存在せず、ノードそれぞれが取引情報の正当性を検証して管理しています。

● 電子マネーの仕組み

　Suica や nanaco に代表されるプリペイド型の電子マネーは管理者のサーバーや IC カード側で管理されていて、取引履歴は最終的に管理者のサーバー上にあるデータベースに記録されます。

　下図は消費者と店舗、管理者によって行われた電子マネーのやり取りの例です。管理者が消費者と店舗の間で行われた電子マネーのやり取りを管理することで、消費者と店舗の間で金銭のやり取りが可能になります。

■ 電子マネーでの支払いの流れ

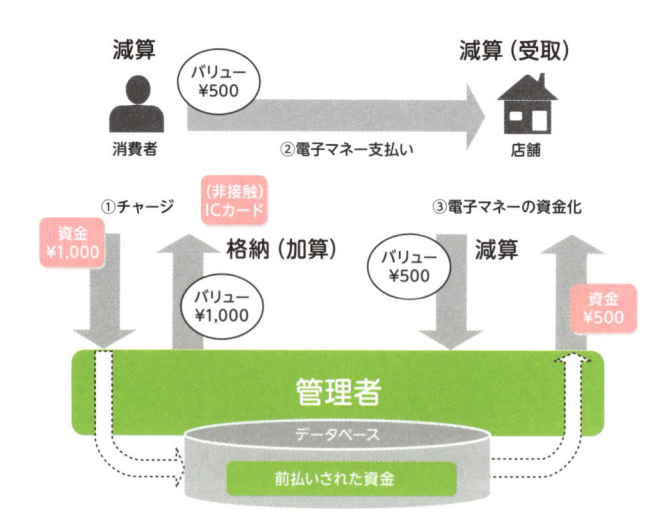

参考：OKI テクニカルレビュー第 209 号 Vol.74 No.1

1. 消費者が法定通貨を電子マネーに交換する。このとき、管理者のデータベース（および手元の端末やカード）にチャージした金額が記録される
2. 消費者が店舗などでその電子マネーを使用する
3. 電子マネーが使用されると、使用した金額が差し引かれた残高が、管理者のデータベース（および手元の端末やカード）に記録される

このように、電子マネーの場合は、管理者のサーバーで一元的に利用履歴を管理することで、電子決済時に懸念される二重支払いなどの問題を解決しています。

● 仮想通貨の仕組み

仮想通貨は、中央でやり取りを仲介する管理者が存在せず、取引の検証・管理はブロックチェーンのネットワークを構成するノードがそれぞれ独自に行います。

■ 各ノードが仮想通貨取引の検証・管理を行う

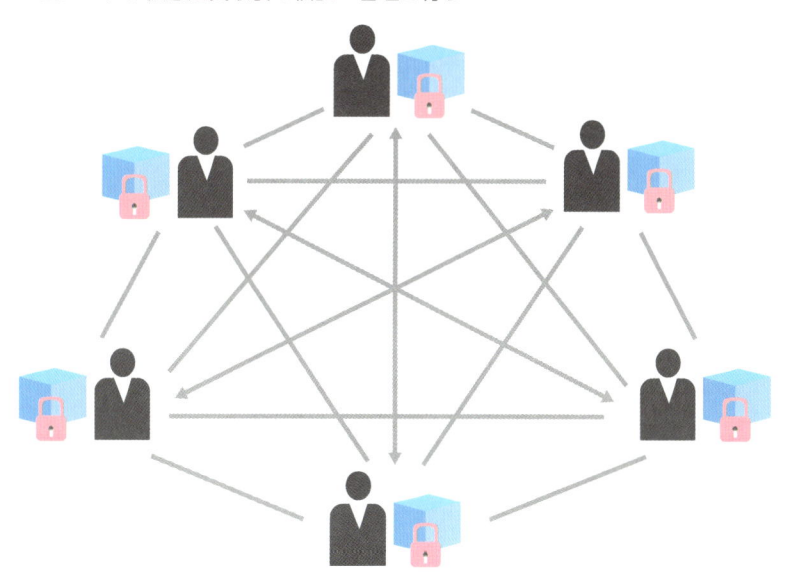

なぜお金として使えるのか？それぞれの価値の源泉

　電子マネーは事前に支払い、その支払先である管理者を信頼することによって成り立っています。一方、ビットコインなどの仮想通貨は何の裏づけ資産も存在せず、信頼すべき管理者もいません。不特定の人たちがその仮想通貨の特徴やコミュニティなどの側面から価値があると判断することにより価値がつきます。つまりその**仮想通貨のネットワーク参加者自身が「価値があると信じる」ことにより価値が担保**されています。

　しかし仮想通貨は、裏づけ資産や法定通貨による担保がないため、1日のうちに数十パーセントもの値動きが起こることさえあります。このように価格の変動（ボラティリティ）が法定通貨と比べ非常に大きいため、日常決済の手段としては扱いにくいという欠点があります。

決済インフラとしての信頼性、可用性

　電子マネーは管理者が倒産などで運営を継続できなくなった場合による事業継続性リスク、中央管理者のサーバーダウンなどによる障害発生リスクがあります。そのため、かなり大規模な設備投資とメンテナンスを行う体力に加え、行政・法執行機関との連携が可能な一部の信頼に足る企業にしか運営できません。

　仮想通貨は特定の中央機関が存在しないため、ネットワークを構成するノードが全滅しない限り利用は可能です。そのため従来の中央集権型の電子マネーに比べると、攻撃や障害によるシステム停止のリスクは非常に低くなっています。

　しかし仮想通貨・ブロックチェーンで処理できる取引数は現状あまり大きくなく取引に時間もかかるため、世界的な決済インフラとして実用化されるにはさらなる改良が必要です。

電子マネーのメリット

1. 高速性
　残高のデータを中央のサーバーやICカードで管理しているため、取引情

報の検証と反映をすぐに済ませることができます。**早いもので0.2秒で支払いが完了**します。

2. 価格の安定性

多くの電子マネーは基本的に法定通貨を電子化したもので、独自のレートに基づいた価格変動が起こることは考えづらいです。そのため急激な値動きなどは起こりにくく、日常の決済手段として安定して使いやすいものになっています。

● 電子マネーのデメリット

1. プライバシー侵害の懸念

電子マネーは管理者が利用履歴を管理・記録するため、いつ、誰が、何をいくらで買った、といった履歴がすべて発行者のデータベースに保管されることになります。

2. 中央管理組織の存在

電子マネーの利用履歴は管理組織のシステムで管理されています。このシステムが攻撃されたり、故障などでダウンしたりしてしまうと、システム全体がダウンしてしまうことがあります。このようにシステムの一部が停止すると全体に影響が出るような箇所を単一障害点といいます。また、管理組織の不正、倒産、人為的なミスによりデータ漏えい、データの不整合などの問題が起きる可能性もあります。

● 仮想通貨のメリット

1. 仮名性や匿名性によりプライバシーが守られる

仮想通貨により匿名、仮名の機能は違いますが、例えばビットコインではブロックチェーン上の取引データはすべて公開されていますが、そこに記録されている情報から通貨の所有者が誰であるのかを特定することはできません。通貨と結びつくアドレスなどの情報を見ることは可能ですが、それが現実世界の誰のものであるのかを紐づけない限り、個人を特定できないため、プライバシーが守られるようになっています。

2. 可用性、信頼性の高さ

ブロックチェーンのネットワークは世界中に分散した多数のノードによって構成されています。そのため「ここを破壊すればシステム全体が停止する」といったポイントが存在せず、**中央管理型に比べると外部からの攻撃によるシステムダウンの懸念が少ない構成**になっています。

3. 検閲耐性

仮想通貨では、運営者や政府組織により資金を没収されたり、送金を止められたりする可能性が非常に低くなっています。

● 仮想通貨のデメリット

1. 取引の確定に時間がかかる

仮想通貨の種類によって違いがありますが、一般的に電子マネーよりも遅く使い勝手がよくありません。現実の店舗決済では、決済業者がリスクを負って0承認で素早く支払いを完了させる方法を採るのが一般的です。

2. ボラティリティ（価格変動率）の高さ

仮想通貨は値動きが非常に激しく、投機的な側面ばかりが目立つのが現状です。そのため決済手段としては疑問視される傾向があります。

3. 処理能力の限界

ブロックチェーンは従来の中央集権型決済インフラと比較した場合、処理能力が低く、取引が活発になると「送金詰まり」と呼ばれるトランザクションの処理待ちや取引手数料の高騰が発生します。

現状ビットコインの場合、1秒間に処理できるトランザクション数 **(TPS: Transactions per seconds)** は5〜10TPSで、クレジットカードVISAのTPS（1700TPS）に遠く及びません。

4. 送金手数料の存在

多くの仮想通貨では送金手数料が必要ですが、通常、電子マネーでは決済時に手数料は取られません。むしろ利用するとポイントがつくといったメリットが存在することがあります。

上記のように、電子マネーと仮想通貨はそれぞれ一長一短あることがわかり

ます。

● 電子マネーの法的位置づけ

　電子マネーは日本では**前払式支払手段（通称でプリペイド・先払い）として法的に位置づけ**られ、管理者の何らかのトラブルにより利用できなくなった場合を除いて、原則払い戻しは不可となっています。またユーザー保護のためにユーザーの未使用残高が1000万円を超える場合、電子マネー管理者はその残高の1/2以上の保証金を供託することを義務づけられています。

　前払式支払手段には自家型と第三者型があります。自家型は管理者が運営している店舗・サービスのみで利用可能である一方で、第三者型は管理者が運営している店舗・サービス以外でもその電子マネーが利用できる形態です。

● 仮想通貨の法的位置づけ

　仮想通貨は、日本の資金決済法のガイドラインにおいては、いわゆる**1号仮想通貨**と**2号仮想通貨**に分けられています。簡単にまとめると1号仮想通貨は、ビットコインのような不特定多数の人と何かを売買する際に使用可能な仮想通貨であり、2号仮想通貨は、多くのアルトコインのような、1号仮想通貨と交換可能な通貨のことです。

　仮想通貨は、4つの特性を保持している必要があります。それは、「物品の購入等で不特定多数の人に使用できること」「購入・売却ができる財産的価値であること」「電子的に記録されていて、電子的に移転できること」「法定通貨建てではないこと」です。

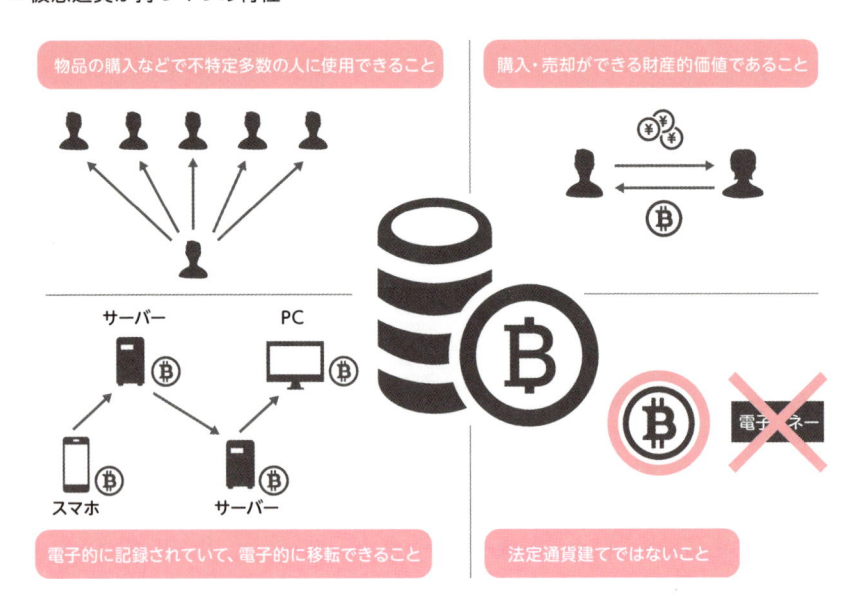

物品の購入などで不特定多数の人に使用できること

購入・売却ができる財産的価値であること

サーバー　PC

スマホ　サーバー

電子的に記録されていて、電子的に移転できること

法定通貨建てではないこと

電子マネー

　仮に事業者が何らかのトークンをブロックチェーン上で発行した場合、電子マネーと仮想通貨のどちらに該当するのでしょうか？ 実は、これは一概に分類することはできません。そのトークンが取引所に上場して流通するかどうか、その価値を事業者が日本円建てで担保するかどうか、などによって異なってしまいます。そこで、そのトークンを使ってどのようなサービスを企画するかが極めて重要となります。

まとめ

▶ **電子マネーは管理者の信頼により価値が担保され、残高は中央サーバーで管理される**

▶ **仮想通貨は管理者が存在せず、各参加者が取引情報の正当性を検証し管理している**

▶ **日本法では電子マネーは前払式支払手段に該当し、仮想通貨とは異なる**

4章

ブロックチェーンを支える周辺技術

ブロックチェーンは仮想通貨に限らず、さまざまな用途で使われています。本章では、それを支える周辺技術を紹介していきます。ブロックチェーンを利用したプロダクトを開発するにあたっては、各技術の特徴・性質を正しく理解しておくことが大切です。

26 ホットウォレットとコールドウォレット

ウォレットという言葉から、仮想通貨自体を保管しているように感じますが、実際は仮想通貨の操作をするのに必要な秘密鍵を保管しています。ウォレットには、大きく分けて「ホットウォレット」と「コールドウォレット」の2種類があります。

● ウォレットの定義

　ウォレットにはさまざまな解釈があり、明確な定義がありません。そのため、使われる状況によって「ウォレット」の定義が変わります。

　大まかに、3つの意味で使用されることが多いようです。

1. 仮想通貨の送金等の操作で使用する公開鍵と秘密鍵のペア、その実装
2. 秘密鍵を安全に管理・保管するもの
3. 仮想通貨に関わるさまざまな操作機能を提供するアプリケーション

　ここでは主に、2の意味の、ウォレットが鍵の管理を行う仕組みを解説します。

● ウォレットの仕組み

　ウォレットの定義からわかるように、**ウォレットは「鍵」を保管**しています。第3章で学んだ通り、公開鍵は誰に知られても問題はありませんが、秘密鍵は第三者に知られてしまうと所有している仮想通貨を不正に操作されたり奪われたりする可能性があります。そのためウォレットは、秘密鍵を安全に管理する必要があります。

　ウォレットはほかにも、仮想通貨のアドレスの生成やトランザクションの発行といった機能を担っています。次の図では、ウォレットを用いて仮想通貨のやり取りをする際のイメージを示しています。

■ ウォレットの秘密鍵を使ってビットコインの所有権を移動させる

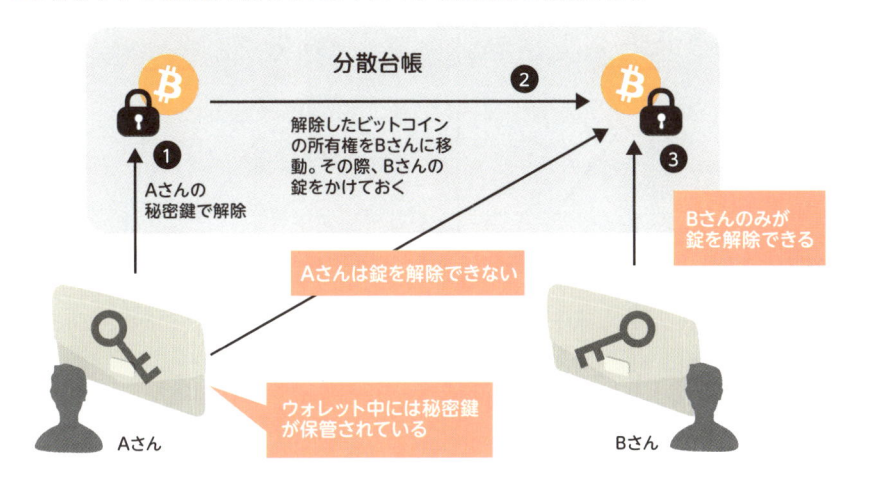

1. Aさん自身が所有している秘密鍵でトランザクションアウトプットのロックを解除します。
2. AさんはコインをBさんに移動させるトランザクションを発行します。このとき、Bさんの公開鍵を用いてトランザクションをロックします。
3. トランザクションの発行後は、Bさんの秘密鍵のみがロックを解除できるようになり、元の所有者であったAさんの鍵ではロックの解除はできなくなります。

● ウォレットの分類の仕方1

　ウォレットの分類の仕方はさまざまで、現在、専門家の間でも議論が分かれているため、厳密な分類は存在しません。ここではまず、簡単な分類の仕方として、そのウォレットがネットワークに接続されているかどうかによる分類を紹介します。

　ホットウォレットは、オンライン環境下のウォレットです。利便性が高い一方、ネットワーク経由での攻撃を受ける可能性があり、安全性に懸念があるため注意が必要です。ホットウォレットには、「モバイルウォレット」「デスクトップウォレット」「Webウォレット」などがあります。

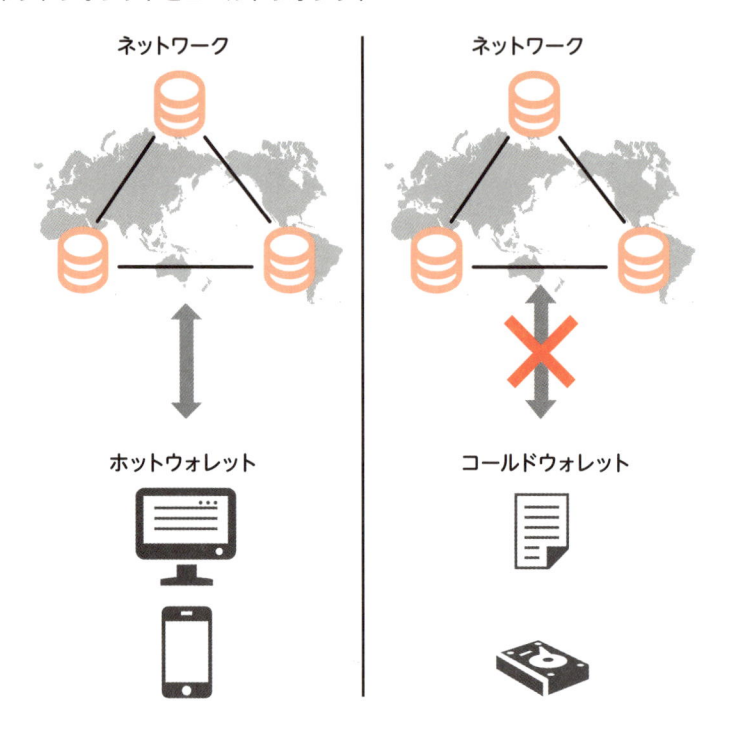

■ ホットウォレットとコールドウォレット

コールドウォレットはオフライン環境下のウォレットで、秘密鍵をネットワークから切り離された環境で安全に保管することが可能です。しかし、ブロックチェーンネットワークと接続していないコールドウォレット単体で、ネットワーク上の送金などのやり取りはできません。そこで、一度オフライン環境（コールドウォレット）において秘密鍵で署名したトランザクションを、オンライン環境にコピーしてからネットワークに送付する、などの処理が必要となります。コールドウォレットには、「ペーパーウォレット」や「ハードウォレット」などがあります。

　ウォレットの利便性と安全性はトレードオフの関係にあり、保管金額や取引頻度によってコールドウォレットとホットウォレットを使い分ける必要があります。

	ホットウォレット	コールドウォレット
概要	オンライン環境下でウォレットを利用	オフライン環境下でウォレットを利用
種類	●モバイルウォレット ●デスクトップウォレット ●ブラウザーウォレット	●ペーパーウォレット ●ハードウォレット
利便性	送金や残高の確認が簡単に行え、利便性が高い	送金や残高の確認をする際には、オンラインで提供されているほかのサービスを併用する必要があり、使いづらい
セキュリティ	ネットワークに接続されているため、ウイルス感染やハッキングリスクがある	保管した媒体の紛失リスクはあるが、ウイルス感染リスクやハッキングリスクはない

● ウォレットの分類の仕方2

　本書ではもう1つの分類の仕方として、ユーザーの秘密鍵がどこに保存されるかで、各ウォレットをより詳細に分類していきます。

　秘密鍵を紙に記録・保管することを**ペーパーウォレット**と呼びます。ネットワークから完全に分離できる一方で、トランザクションの発行や残高の確認をする際には、ネットワークに接続してあるほかのサービスを併用しなくてはいけません。火事・紛失・盗難などで物理的にウォレットを失うリスクは残ります。

　ハードウォレット（ハードウェアウォレット）は、秘密鍵を専用の物理媒体に記録・保管するウォレットです。ペーパーウォレットと同様、ネットワーク経由での攻撃を防ぐことができる一方、送金や残高確認などの際はネットワークに接続してあるウォレットを併用します。また、ハードウォレット自体の紛失や盗難による不正利用のリスクもあります。悪意あるハードウォレット開発者や第三者によりあらかじめ端末にウイルスが仕込まれている場合もあるため、信頼できる発売元から入手するのが重要です。

　デスクトップウォレットは、ウォレットの機能を提供するソフトウェアを自身のPCにダウンロードして利用するものです。秘密鍵も、利用するPCのローカルに保存されます。

ブラウザーウォレットは、ブラウザー経由でWeb上のウォレットを利用するものです。秘密鍵の保管はPCのローカルストレージにて行われますが、残高確認・送金などの処理はブラウザーを介して行われます。

モバイルウォレットは、ウォレットの機能を提供するアプリを自身のスマートフォンにダウンロードして利用できます。秘密鍵はモバイル端末のローカルストレージに保存されます。

ウォレットの機能を提供するサービスのうち、取引所のウォレットのように利用者の鍵がサービス提供者によって管理されるウォレットも存在します。このようなサービスは一見、利便性が高いように思えますが、管理者のサーバーが外部からの攻撃を受けて仮想通貨を奪われる、内部の人間による改ざんや横領などの被害にあうといったリスクが懸念されます。

また、ユーザーが任意の文字列（パスフレーズ）を暗記し、このパスフレーズから生成された256ビットのハッシュを暗号鍵として使用する形式を、「**Brain wallet（ブレインウォレット）**」と呼びます。一般的に256ビットのバイナリデータを暗記するのは大変ですが、自分が決めた文字列（パスフレーズ）ならば暗記が可能なため、「脳で管理できるウォレット」という意味でこのように呼ばれています。ただし万が一、ほかのユーザーと文字列が被った場合は、仮想通貨をほかのユーザーに使われてしまう可能性があります。

 まとめ

▶ **ウォレットは、仮想通貨の送金や秘密鍵を安全に管理する機能を持っている**

▶ **インターネットに接続して使われるかどうかでホットとコールドに分類される**

▶ **秘密鍵の保存場所の違いでも、ウォレットの種類を複数に分類することができる**

27 マルチシグ
〜複数の署名でセキュリティ向上

マルチシグとは、マルチシグネチャーの略で複数署名を意味します。ブロックチェーン上で送金などのアクションを行うための条件として、複数のデジタル署名を設定できます。

● マルチシグの仕様の違い

マルチシグは、プラットフォームの実装により仕様が大きく異なります。ビットコインのマルチシグは、マルチシグ用のアドレスを作成し、複数のデジタル署名を集めたトランザクションを発行することで実現します。つまり、ビットコインでは状態を管理できないため、ブロックチェーン上で署名を集めることはできず、ブロックチェーン外で署名を集める必要があります。

NEMやイーサリアムは、ブロックチェーン上で署名を集めることができるため、別々のタイミングでブロックチェーンに署名を送り、条件を満たした時点で送金等を行うことができます。イーサリアムではマルチシグ用のアドレスは存在せず、コントラクトと呼ばれるブロックチェーン上のプログラムにて複数署名の条件を記述します。

以下では、ビットコインのマルチシグについて説明をします。

● シングルシグ

1つの秘密鍵によってデジタル署名を行う方式を**シングルシグ（Single Signature、シングルシグネチャー）**と呼びます。

シングルシグは1つの公開鍵とそれに対応する1つの秘密鍵によって構築される仕組みです。ユーザーはシングルシグアドレスに設定してある公開鍵に対応した秘密鍵のみで署名が可能です。

■ シングルシグ

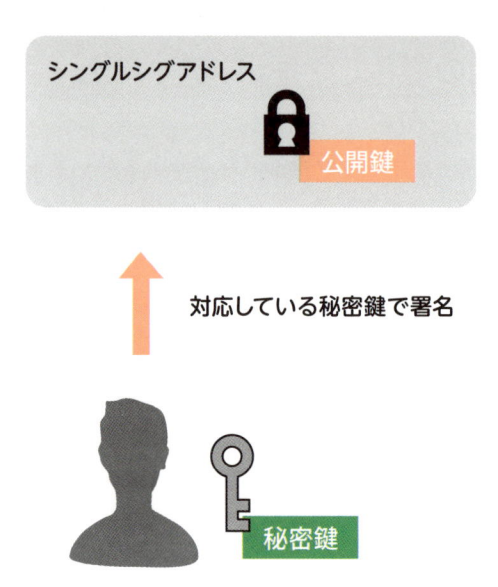

　シングルシグは1本の鍵で簡単に署名を作成できるため利便性が高いです。しかし一方で、送金のために上長の稟議が必要なケースなど、複数人による承認が必要なフローを実装したい場合、1つの秘密鍵を複数人で共有したり、オフラインでハンコをもらいに回ったりと、ブロックチェーンの外で作業を行うことが必要になる可能性があります。結局従来の中央集権型システムのような信頼を必要とするオペレーションを行うことになり、ブロックチェーンを使う意味がかなり薄れてしまいます。

● マルチシグとは

　このシングルシグが対応できなかった点をカバーするのが、マルチシグ（Multi Signature、マルチシグネチャー）です。ユーザーはマルチシグを利用することでブロックチェーン上で複数人の署名を必要とする取引が行えます。マルチシグには、取引実行の承認にN人の関係者全員の秘密鍵が必要となる **N-of-N の マルチシグ**と、N人中M人以上の秘密鍵が必要となる **M-of-N のマルチシグ**の2種類があります。

マルチシグは複数承認が可能になるだけではなく、秘密鍵の紛失や盗難時の対策としても有効なため、セキュリティ強化にもつながります。

● マルチシグの仕組み

　N-of-NのマルチシグではN個すべての公開鍵を、M-of-NのマルチシグではMの数だけの公開鍵を用意する必要があります。それぞれの公開鍵に対応している秘密鍵は別々の場所に保管します。

　下記にM-of-Nのマルチシグの例を図示します。ここでは2-of-3のマルチシグですので、3本の鍵のうち2本がそろえばOKです。A、B、Cの3人がそれぞれ独自に秘密鍵を持ち、このうち2人の鍵を使って署名することになります。図では、AとBの鍵を使用して署名されています。この時点で2本の鍵がそろったことになるので、Cの鍵は使わずともこの時点で取引は有効なものとなります。鍵の本数さえそろえば組み合わせは問いませんから、「AとB」「AとC」、「BとC」の組み合わせでも有効となります。

■ マルチシグ

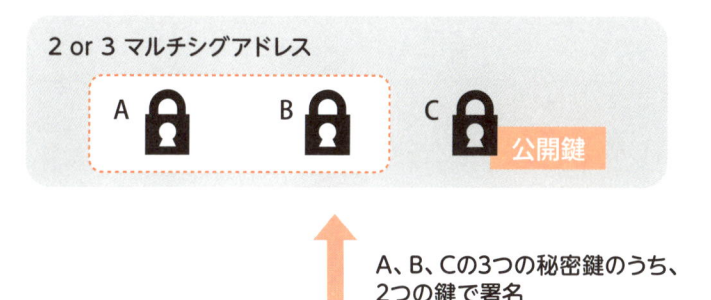

● 署名の共同管理が可能

デジタル署名が複数の承認を必要とする重大な事項の決定に対応できるようになります。また、企業や団体の内部システムでも共同管理が有効になります。例えば、会社の資産管理をマルチシグにすることで、内部での横領を未然に防ぐことができます。資金を動かすのに複数人の承認が必要になるため、単独で秘密裏に資金を動かすことが困難になるためです。

● セキュリティの強化

複数の秘密鍵による署名が必要な場合、コンピューターウイルスやハッキングにより秘密鍵の盗難にあったとしても、署名に必要な本数の秘密鍵が手元に残っていれば対処可能になります。攻撃者が仮に1本だけ鍵を盗み出すことに成功したとしても、トランザクションの発行には複数の秘密鍵が必要なため、不正送金することはできません。

● 秘密鍵紛失時の対応

通常のシングルシグの場合、唯一の秘密鍵を紛失してしまうと送金などの操作が一切できません。しかしマルチシグは秘密鍵を複数用意しているので、**M-of-Nの場合、最低でもM個の秘密鍵を保持できていれば、アクセスを失わずに済みます。**

● ユーザビリティの低下

ユーザーはマルチシグアドレスに紐づく公開鍵と、その公開鍵に対応する秘密鍵をそれぞれ同数用意したうえで、それぞれ別に保管する必要があります。

そのためシングルシグと比べ「複数の公開鍵と秘密鍵の準備」と「秘密鍵の管理」の手間が余分にかかります。

また、トランザクションの発行には秘密鍵を所有している複数人からの承認が必要になるため、発行にかかる時間も長くなる可能性があります。

● エスクロー取引とは

マルチシグの活用例として代表的なのが、エスクロー取引です。**エスクロー取引**とは、信頼できる第三者を仲介して行う二者間の取引のことで、オークションサービスやフリーマーケットサービスなどが代表的です。エスクローを使用せずに直接インターネット上で取引する場合、相手の顔や素性がわからないため、商品が届かなかったり、商品を送ったにも関わらず代金が支払われなかったりといったトラブルが発生する可能性があります。

ブロックチェーン以前の中央集権型システムでは、企業などの信頼できる仲介者に資金や取引の承認を仲介してもらうことで、インターネット上の見ず知らずの相手とも取引が行えるようになっていました。

● 従来の（中央集権型）エスクロー取引の仕組み

従来のエスクロー取引では、仲介者はいったん買い手から代金を預かります。そして仲介者は売り手が買い手に商品を渡したことを確認でき次第、売り手に受け取った代金を支払います。この仕組みによって信頼関係のない人同士でも取引をすることが可能になりました。

■ 従来のエスクロー取引

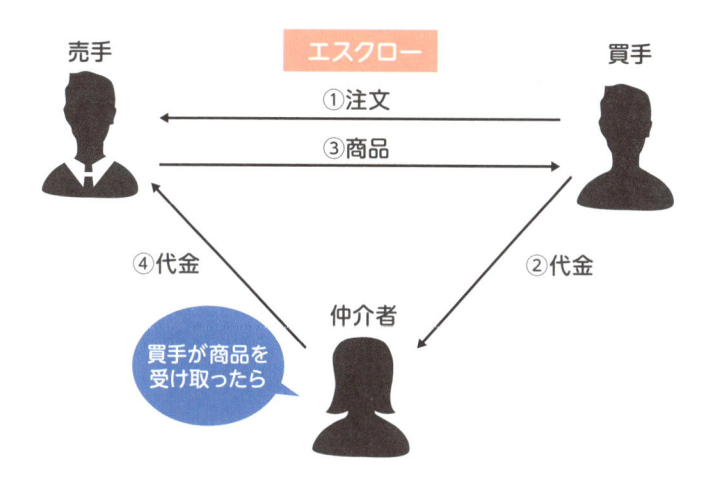

1. 買い手は売り手が販売している商品を注文する
2. 買い手は売り手に直接代金を支払うのではなく、いったん仲介者に代金を預けておく
3. 売り手が買い手へ商品を送る
4. 仲介者は買い手が商品を受け取ったことを確認し、売り手へ買い手から預かった代金を支払う

多くの場合、仲介者は買い手や売り手から仲介手数料を徴収します。

● マルチシグを使ったエスクロー取引

従来のエスクロー取引では信頼できる仲介者が必要でしたが、**マルチシグを利用することでブロックチェーンでトラストレスに取引が行えます。**

買い手は仲介者ではなく、ブロックチェーン上のマルチシグアドレスに代金を一時的に預けます。マルチシグアドレスには買い手、売り手、エスクローエージェントの公開鍵が用意されており、それぞれが別々の秘密鍵を所有しています。エスクローエージェントは、信頼性のあるコミュニティのメンバーや仲介業者、または自動で動くプログラムが務めます。

2-of-3のマルチシグを利用するため、2つの秘密鍵で署名が行われればトランザクションが実行されます。そのため、正常に取引が完了する場合、買い手と売り手の秘密鍵でトランザクションが署名され、代金が売り手に送金されます。一方何らかのトラブルがあった場合は、トラブルの被害者とエージェントの秘密鍵によって取引がリセットされます。

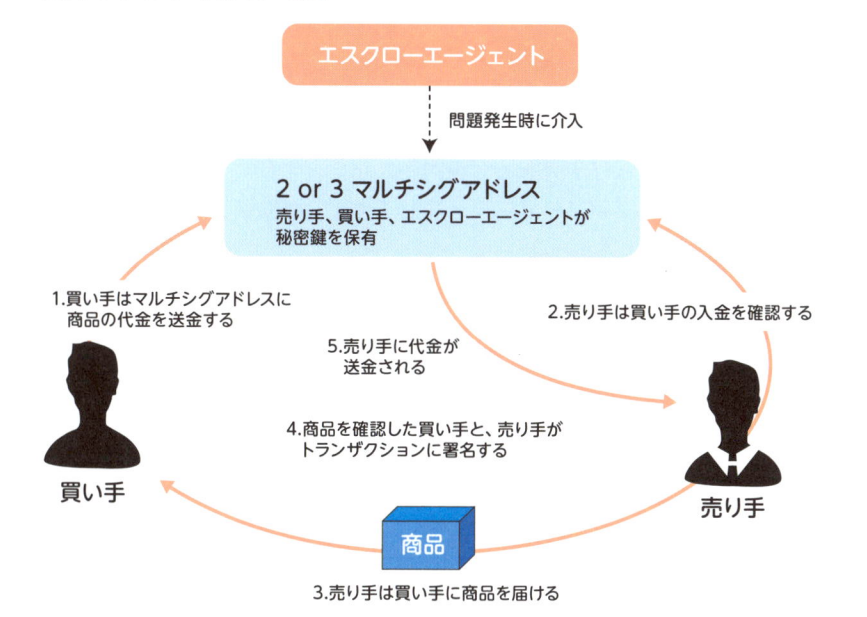

買い手、売り手、エスクローエージェントの3つの公開鍵が用意された2 of 3のマルチシグアドレスで商取引が行われます。買い手と売り手で値段交渉などが済んだら、マルチシグアドレスで取引が実行されます。

1. 買い手はマルチシグアドレスへ代金を預け入れる
2. 売り手はマルチシグアドレスを閲覧し、入金確認を行う
3. 確認が取れたら売り手は買い手へ商品を発送する
4. 売り手はマルチシグアドレスから自身に代金が支払われるようにするために、秘密鍵でトランザクションに署名する。買い手は商品を確認後、売り手に代金が支払われるように、秘密鍵で署名する
5. 2 of 3のマルチシグのため、2つ署名がそろうと代金が売り手に支払われる

何らかのトラブルが発生した際には、**エスクローエージェントの秘密鍵を使ってマルチシグスクリプトを実行**します。

・代金を支払ったにも関わらず商品が発送されない場合、買い手とエスクローエージェントがそれぞれの秘密鍵でトランザクションに署名し、マルチシグアドレスから買い手に返金します。

・商品を受け取ったにも関わらず買い手が代金の支払いを実行する署名に応じない場合は、売り手とエスクローエージェントがトランザクションに署名し、マルチシグアドレスにプールしてあった代金を売り手のアドレスに移動させ、支払いを実行します。

まとめ

▶ 1つの秘密鍵でデジタル署名を行う方式を、シングルシグと呼ぶ

▶ 複数の秘密鍵でデジタル署名を行う方式を、マルチシグと呼ぶ

▶ マルチシグを利用することで、秘密鍵の紛失や盗難に備えることができる

28 UTXOとアカウントモデル
～残高管理の仕組みとメリット・デメリット

ブロックチェーン上で仮想通貨の残高を管理する方法は2種類あります。1つは都度未使用残高を合計して残高を確認する、UTXOモデルという方法、もう1つはアカウント毎に残高の情報を保持する、アカウントモデルという方法です。

● UTXOモデルの仕組み

　ビットコインでは、**未使用残高（UTXO: Unspent Transaction Output）**を確認する方法が実装されています。この方法では、実はブロックチェーンには残高そのものは記載されません。

　そのため、残高を確認するには、都度トランザクションに含まれる未使用のアウトプットから、残高をすべて洗い出して確認し、合計をウォレットなどで表示するという方法を採用しています。

　実際に送信者（アリス）が、受信者（ボブ）に0.7BTCを送るという例を見てみましょう。

■ UTXO式の仕組み：アリスがボブに0.7BTC送金する場合

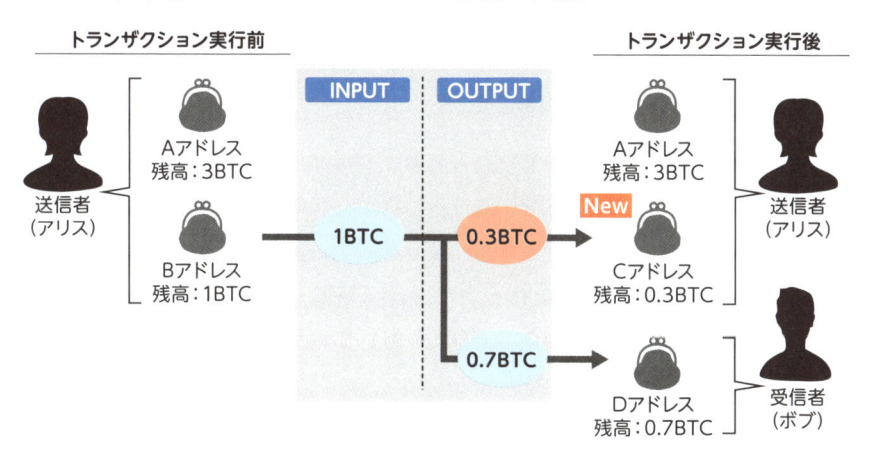

アリスは自身のウォレットに2つのアドレスを持っています（Aアドレスには3BTC、Bアドレスには1BTC）。これらウォレットに入っているものはすべて未使用残高といいます。

1. 送金の際には、まずこれらUTXOの内、どの残高を使用するかを決定します。通常はその中の最終取引分を使用します。例えば、最終取引がBアドレスへの1BTCの入金であれば、まずBアドレスから送金します。
2. UTXOの場合、ここで送金したい金額である「0.7BTCだけ」を送金するということができません。いったん、Bアドレスに入っている1BTCはすべてインプット（図のINPUT）に置かれ、その上でアウトプット（OUTPUT）と呼ばれる送金先を指定する箇所において、本来の送金先であるボブのDアドレスに0.7BTCを送金し、残りをアリス自身のアドレスに対し、0.3BTC分の「お釣りを送り返す」という挙動をします。なお、ここで送り返された0.3BTCは再びアリスの未使用出力として計上されますが、プライバシーの観点から、Bアドレスではなく、新規のCアドレスに内蔵されることになります。
3. そして、ボブに送った0.7BTCはボブのアドレスに送られ、アリスにとっては「使用残高」、ボブにとっては「未使用残高」という扱いになります。
4. そして、今度はボブが自身のウォレットに持つ0.7BTCを使用します。

この流れが続いていきます。

● アカウントモデルの仕組み

　一方、イーサリアムでは、UTXOとは別の残高確認方法を採っています。これは**アカウントモデル**と呼ばれ、アカウントごとに残高を記録していくというものです。UTXOのように都度確認しなくともよいため、とてもシンプルです。
　アリスがボブに0.7ETH送金する場合、自身のアカウントからアリスに0.7ETHを引いて、ボブのアカウントに0.7ETHを増やすのみです。

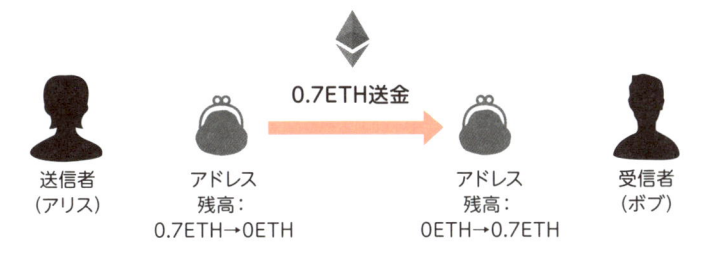

送信者　　　アドレス　　　　　　　　　　　　アドレス　　　　受信者
（アリス）　残高：　　　　　　　　　　　　　残高：　　　　（ボブ）
　　　　　　0.7ETH→0ETH　　　　　　　　0ETH→0.7ETH

UTXOモデルとアカウントモデルの違い

　UTXOモデルとアカウントモデルそれぞれの特徴とメリットを、比較してみ
ましょう。

　UTXOモデルのメリットは、匿名性とスケーラビリティです。

1. 匿名性

　UTXOモデルでは上記の項で解説した「お釣り」トランザクションの送金
先アドレスを、送金元のアドレスと異なる新しいアドレスにすることもで
きます。そのため、送金のたびにアドレスを使い捨てることができ、個人
とアドレスを紐づけることが難しく、プライバシー保護の観点で有利にな
ります。

2. スケーラビリティ

　UTXOモデルでは個々のUTXOを独立した通貨のように扱えるため、分散
処理と相性のよいモデルです。例えば、いまアリスが 0.5 BTC の UXTO
を2つ（合計1.0 BTC）保持しており、0.5 BTC ずつボブとチャーリーに
送りたい場合、それぞれのトランザクションは並行して処理できます。一
方、アカウントモデルでは、アリスが1 ETH保持している状態から、ま
ずボブに0.5 ETH を送り、アリスの残高が0.5 ETH になったあとでチャー
リーに0.5 ETH を送る、というようにトランザクションを順次にしか処理
できません。

　一方、アカウントモデルには、以下の3つのメリットがあります。

1. トランザクションサイズの節約

  もし5つのUTXOを持つアカウントをアカウントモデルでの管理に切り替えた場合、理論的には必要なスペースを300bytes → 30bytesまで削減できます。実際にはアカウントはマークルツリーに保管される必要があるため、これほど劇的なサイズ削減にはなりませんが、それでも十分なデータ量の節約が期待できます。

  加えてアカウントモデルでは、それぞれのトランザクションに対し、参照と署名を1つずつ、そして残高を1つ作成するだけで済みます。そのため、トランザクションはより小さなものになり得ます。

2. 簡潔なコーディング

  DAppsの実装など、複雑な処理をブロックチェーン上で記述する場合は、アカウントモデルのほうが簡潔なコーティングで済みます。UTXOモデルでは、どのアウトプットが未使用状態であるかの確認の処理や、コイン残高以外の状態遷移の表現が煩雑になり、セキュリティ面などでよほどのメリットがない限り現実的ではありません。

3. 軽量クライアントの常時参照

  軽量クライアントは、ネットワーク上のいかなる場所からでも、データが保存されているマークルツリーをスキャンすることで、アカウントに関係するすべてのデータに常時アクセスすることができます。UTXOモデルでは、あるアカウントに関連するデータをネットワーク上からかき集めないといけません。

■ UTXO式とアカウント式

	UTXO式	アカウント式
概要	都度未使用出力を合計して残高を確認する管理方法	アカウント毎に残高の情報を保持する管理方法
仕組み	1.都度トランザクションに含まれるアウトプットから未使用出力をすべて洗い出して確認 2.合計をウォレットアプリなどで表示	1つのアカウントで残高を記録
実装	ビットコイン	イーサリアム
特徴	1.匿名性が高い 2.スケーラビリティに優れる	1.トランザクションサイズを節約できる 2.コーディングが簡潔

まとめ

▶ **UTXOモデルでは、過去の取引データから都度未使用残高を計算して表示する**

▶ **アカウントモデルでは、取引毎に利用者のアカウントの残高を直接増減させている**

▶ **UTXOモデルはビットコインで、アカウントモデルはイーサリアムで使われている**

29 PoW (Proof of Work)
〜ビットコインのセキュリティを高める仕組み

Proof of Work (PoW) は、作業の証明を意味し、作業者が多くの計算力を使ったことを証明し、ほかのノードが簡単に検証できる仕組みです。ビットコインなど多くの仮想通貨で採用されています。PoWの仕組みと課題をそれぞれ学習しましょう。

● コンセンサス・アルゴリズムとは

　PoWは、コンセンサス・アルゴリズム (合意アルゴリズム) と呼ばれるものの1つです。その意味は、文字通り「データの合意を取る方法」を意味します。

　ブロックチェーンでは、正しいブロックやトランザクションを検証し、1つのブロックに全ノードで合意 (承認) したうえでチェーンに加えることが必要になります。この合意形成のルールをコンセンサス・アルゴリズムと呼びます。

　以下のように呼称されることもあります。

・分散コンセンサス (distributed consensus)
・分散型合意システム
・合意プロトコル

● PoWとは

　PoWは、マイニングと呼ばれる計算を行って生成されたブロックが、ネットワークでほかのノードより有効であると認められるのに必要な証明です。元々は、スパムメール対策としてメールに計算の証明を付与するという形で考えられたものです。アダム・バック (Adam Back) という人物により開発された、Hashcashという仕組みに端を発しています。

● PoW の仕組み

PoWでは、3つのステップでブロックを生成・承認します。

1. まず、マイナーがマイニングを行い、Nonce（計算の答えとなる値）を生成する
2. 次に、そのNonceを入れたブロックのデータをハッシュ関数に代入し、ハッシュ値を得る。このとき、このハッシュ値がある値以下になっていればマイニング成功となり、ブロックを生成できる。ハッシュ値がその値より大きい場合、1→2の操作をひたすら繰り返す
3. 新規生成されたブロックをPoWの結果も含め各ノードで検証する
4. 有効なブロックであれば、各ノードが自分のメインチェーンに追加する

■ PoW の仕組み

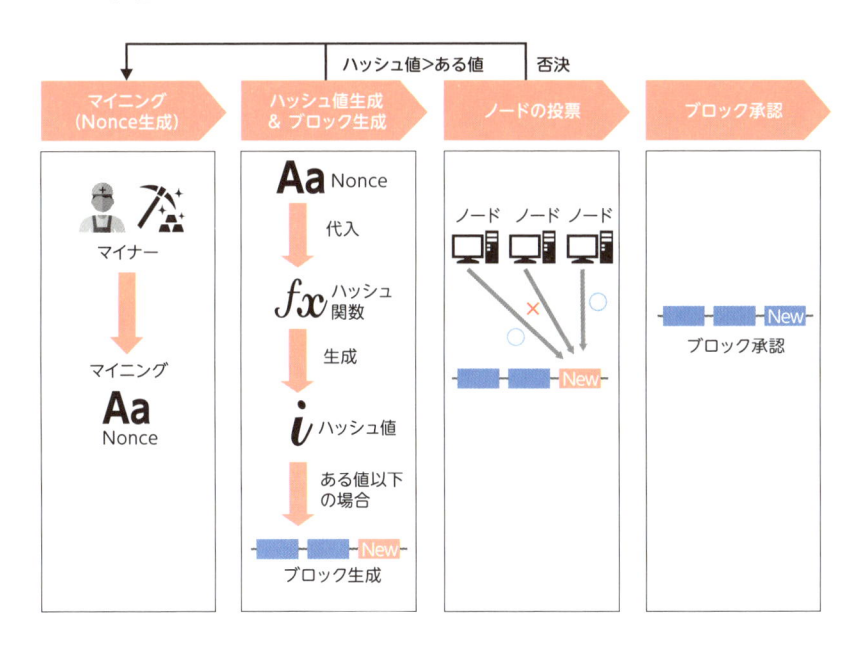

ここで、ある値以下のハッシュ値が見つかる確率を、採掘難易度（ディフィカルティ）と呼んでおり、ディフィカルティを調整することでマイニングの難易度を操作できるようになっています。ビットコインでは、**2016ブロック（約2週間に1回）ごとに採掘難易度が調整**され、約10分に1つのブロックが生成されるように変更されます。

　これらのPoWの仕組みにより、もし誰かが過去の取引記録を改ざんしようとした場合、これまでのブロックすべてのNonceを計算して、ブロックをすべて作成し直す必要があります。これには膨大な計算が必要になるため、事実上取引記録の改ざんが不可能になっています。

● PoWの課題

　PoWは画期的なシステムである一方、次の3つの問題点を抱えているといわれています。

1. ネットワークへの悪意のある攻撃に弱い
   PoWでは、計算量の51%以上を占有されると、ネットワークへの攻撃が可能になってしまいます。これは、悪意あるマイナーが計算力全体の過半数より多くを占有することで、恣意的なブロック生成を行うことを指します。ビットコインのように、膨大な計算力が存在するネットワークでは51%を占有するのは極めて難しいですが、新しくできたコインなら、現在ビットコインでマイニングしている計算力を少し振り分けるだけで簡単に51%以上を獲得することができてしまいます（これは51%攻撃と呼ばれるもので、第6章で詳しく説明します）。

2. マイニングによる電力消費・コストが高い
   PoWでは、マイニングの計算量や計算スピードが重要なので、大量の高性能コンピューターが必要になります。マイニングは中国など比較的電力が安い地域で行われていますが、これら地域の発電には主に化石燃料が使用されているため、環境に大きな負荷をかけているとして批判が集まっています。

3. 取引にかかる時間が長い

ビットコインのブロックチェーンでは、約10分に一度ブロックが生成されます。そのため、PoWを採用するビットコインの取引処理件数は約7件/1秒といわれており、VISAカードの1700件/1秒に比べると取引速度は大きく劣ります。ビットコインを使用する人が増えれば増えるほど、未処理のトランザクションが積み上がる一方であり、通貨の流動性が損なわれてしまいます。このような処理能力に関する問題を、スケーラビリティ問題と呼び、さまざまな形で解決策が研究されています。

■ PoWの課題点

51%攻撃耐性

マイニングコスト

トランザクション
処理速度

まとめ

▶ **PoWは主にビットコインで使われているコンセンサス・アルゴリズム**

▶ **PoWでは、マイナーが計算能力を投入して、ブロックの生成を行う**

▶ **PoWにもいくつか課題があり、それを補う別のアルゴリズムも開発されている**

30 PoS（Proof of Stake）

Proof of Stake（PoS）は、ひとことでいえば「保有している通貨の量に比例して、新たにブロックを生成・承認する権利を得られる仕組み」です。

● PoSの開発背景

前節で説明したPoWは、画期的なシステムである一方、

- 大きい計算能力を持っていれば、ネットワークへの悪意を持った攻撃ができてしまう
- マイニングによる電力消費や、計算能力確保のための専用機器への初期投資コストが高い
- 合意形成に長い時間がかかってしまう

という3つの問題点を抱えています。特に1つ目の「ネットワークへの悪意を持った攻撃」は非常に重要なポイントで、作られた直後のまだ規模の小さい通貨の場合、現在ビットコインのPoWに使っている大きな計算能力を、その新しい通貨に振り分けることで、簡単にネットワークを攻撃することができてしまいます。PoSは、これらPoWの課題を改善するために生み出されました。

● PoSの仕組み

　一般的なPoSでは、コインの保有量に比例してブロック承認の成功確率が上がるようになっています。そして、この「コインの保有量」を定義する仕組みには、以下の2つの種類があります。

● Coin Age

Coin Age は**「コインの保有量」×「コインの保有期間」で算出**されます。この値が大きければ大きいほど、マイニングに成功しやすくなります。

また、一度マイニングに成功すると、Coin Age が減少する仕組みになっています。

■ Coin Age の算出方法

● Randomized Proof of Stake

Randomized Proof of Stake では、「コインの保有量に比例して、ランダムに取引承認者を選ぶ仕組み」になっています。つまり、コインの保有量が多ければ多いほど、承認に成功しやすくなります。現在は、Coin Age ではなく、この Randomized Proof of Stake が主流となっています。

■ Randomized Proof of Stake

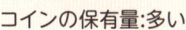

コインの保有量が多いと
マイニング成功確率が上がる

コインの保有量:多い　　コインの保有量:少ない

● PoS のメリット

これらの仕組みにより、PoS には以下の3つのメリットがあります。

1.51% 攻撃耐性の強化

　PoS のブロックチェーンを攻撃するには、過半数のコインを保有する必要

がありますが、これを市場で買い集めようとすると多額の資金が必要で、極めてコストが高くなります。このことから、51%攻撃には一定の耐性があります。

2. 消費電力の削減

PoSでは、PoWとは異なり、マイナーが大量の計算をしなくて済むため、消費電力を抑えることができます。

3. スケーラビリティの向上

PoSでは、PoWに比べて計算に割かれる時間が少なくて済むため、ブロック生成速度を速めることができます。その結果、1秒あたりのトランザクション量が増えるので、スケーラビリティの向上につながります。

● PoSの課題

このように、PoSではPoWの問題点を改善することができる一方、新たな問題点も存在しています。

1. コインの流動性低下

PoSでは、「コインの保有量が多ければ多いほど、ブロック生成に成功しやすくなる」という性質上、コインを使用せずに溜め込んで保有量を増やすインセンティブが働きます。多くの人がPoSコインを使わず溜め込むようになってしまうことで、通貨の流動性が損なわれます。

2. Nothing at Stake

Nothing at Stakeの直訳は「何も賭けていない」という意味で、PoSではリスクなく複数のフォークしたブロックチェーンに対してブロック生成できてしまう問題のことをいいます。シンプルなPoSではコインを保有しているだけでブロック生成ができるので、大きなコストを払う必要がありません。そのため、すべてのフォークしたブロックチェーン用にブロックを生成するほうが理にかなっている、という状態が起きます。対策としては、コインをデポジットしてもらい、複数のフォーク用にブロックを生成するなどの不正をした場合に、コインを没収するという懲罰を与える方法が考えられています（この「Nothing at Stake」は、第6章にて詳しく説明

しています）。

3. 低コスト51%攻撃

ある人がコインの51%を買える資金の証明とともに購入を公表することで、そのコインの保有者は51%攻撃を恐れてコインを売却し、価格が下落します。コインの価格が下落したところで、低コストで大量に購入する攻撃が起こる可能性があります。ただし、この方法で51%攻撃をすると、自らが大量に保有するコインの価値を貶めることになるため、経済合理性に欠ける攻撃手段であると考えられています。

● PoS関連のアルゴリズム

PoSには関連するさまざまなアルゴリズムが存在します。

・Delegated Proof of Stake（DPoS）

Delegated Proof of Stake（DPoS） は、コインの保有者に保有量に応じた投票権を割りあて、その投票によりブロックの承認者を選び、選ばれた少数の承認者がブロック生成をするアルゴリズムです。委任された承認者は、ブロック生成で得られた報酬を投票した人に還元する仕組みになっています。

実装例：LISK、EOS

・Proof of Importance（PoI）

Proof of Inportance（PoI） はコインの「保有量」「取引量」「取引回数」などから総合的にスコアリングし、スコアの高い人にブロック生成権が付与される仕組みになっています。

実装例：NEM

・PoWとPoSのハイブリッド

純粋なPoSではありませんが、PoWとPoSを組み合わせたアルゴリズムも利用されています。例として、イーサリアムではCasper FFGと呼ばれるものが検討されていますが、これはPoWに基づいてマイニングを行ってブロックを生成しチェーンに追加しつつ、定期的なチェックポイントでPoSに基づきそのチェーンが正当なものか承認を行うものです。すでに

PoWとPoSのハイブリッド型アルゴリズムが実装されているブロックチェーンとしては、DecredやPeercoinなどがあります。

このように、PoS関連実装の例はたくさんあり、数カ月ごとに様々な提案、実装が出てきています。

■ 主なコンセンサス・アルゴリズム

コンセンサス・アルゴリズム	仕組み
PoW (Proof of Work)	膨大な計算（マイニング）を行い、最初にハッシュ値を見つけ出したマイナーがブロックを生成する
PoS (Proof of Stake)	通貨の保有量に比例して、ブロックの生成・承認権を得られる
DPoS (Delegated Proof of Stake)	コインの保有者に保有量に応じた投票権を割りあて、その投票によりブロックの生成・承認権を委任する
PoI (Proof of Inportance)	コインの「保有量」「取引量」「取引回数」などから総合的に評価し、スコアの高い人にブロックの生成・承認権を付与される
PoA (Proof of Activity)	PoSのブロックの生成・承認権をランダムに選び、セキュリティを高める
PoW/PoSハイブリッド	PoWに基づいてマイニングを行い、その後PoSに基づきブロックチェーンの承認を行う

 まとめ

▶ **PoSはPoWの課題を克服する仕組みとして、提案・開発されている**

▶ **PoSでは保有するコインの量や期間から、ブロックの生成確率が決定される**

31 | BFT
〜合意形成を行う仕組み

分散ネットワークにおいて「ビザンチン障害」が発生しても、ネットワーク内で合意を形成できる性質をBFTと呼びます。プライベートチェーンで利用されることが多いです。

● BFTとは

BFT（Byzantine Fault Tolerance、ビザンチン障害耐性）とは、ブロックチェーンや分散ネットワークといった分散型コンピューティングの分野で問題となる「ビザンチン障害」が発生しても、ノードが同一の値に合意できるという性質のことです。ブロックチェーンのコンセンサスアルゴリズムがBFTを備えることで、ネットワーク参加者はブロックチェーンに追加された新しい記録が正当であると信用することができます。また同様にトランザクションやスマートコントラクトの実行・検証・保存を正しく行うことができます。

● BFTの仕組み

ネットワーク全体がある値について合意をするもっとも簡単な方法は、ネットワーク参加者で多数決を行うことです。ただし、ビットコインやイーサリアムのようなパブリックチェーンの場合、ノードが自由に参加、離脱するため、ノードの合計数が固定ではなく、把握できません。そのため、多数決を行うことはできません。そのため、多くのパブリックチェーンではPoWやPoSが採用されています。ただしPoWでは、ネットワークの合意によりブロックが生成されたとしても、ファイナリティが確定しないという欠点があります。つまりその合意結果は、莫大なハッシュパワーを持っていれば覆すことが可能であるという問題があり、完全なBFTということはできません。

一方、プライベートチェーンであれば、そのコンセンサスアルゴリズムはBFTを持つことができます。なぜなら中央管理者が存在し、事前にネットワー

クのノード数を特定できるため、ある値について純粋なネットワーク参加者による多数決で合意することができるからです。また、イーサリアムに今後実装が予定されるPoSにも、このように合意に達する仕組みが組み込まれています。

■ 主なコンセンサスアルゴリズムとファイナリティの有無

	概要	特徴	利用しているBlockchain
PoW **(パブリック)**	ハッシュパワーを投入し、計算問題を最初に解いた者がブロックを生成する権利を得る	ファイナリティがなく、合意が覆される可能性がある	- Bitcoin - Bitcoin Cash - イーサリアム (現在)
PoS **(パブリック)**	コインの保有量と保有期間に応じて、ブロック生成の権利を得る	ファイナリティがなく、合意が覆される可能性がある	- イーサリアム (将来的に) - EOS
PBFT **(プライベート)**	中心的なノードの合議制で承認する	ファイナリティがあり、合意が覆されない	- Hyperledger Fabric v0.6

○ Hyperledger Fabric のPBFTの事例

IBM社が提供するHyperledger Fabric v0.6というブロックチェーンでは、BFTが備えられています（最新のv1.0では、スケーラビリティ向上のため別のアルゴリズムが導入されています）。Hyperledger Fabric v0.6はプライベートチェーンで、PBFT（Practical Byzantine Fault Tolerance）という不正なブロックの追加を防止するコンセンサスアルゴリズムを利用可能です。PBFTは一部のコンピューターで障害が発生したり、不正を働くノードがいたりしても、合意ができるようになっています。

1. ノードは「承認ノード」と「非承認ノード」に分かれます。承認ノードはトランザクションが記録された台帳を保持し、更新することができます。承認ノードのうちの 1 つはリーダーと呼ばれ、トランザクションの中継点になります。
2. 非承認ノードはユーザーからトランザクションを受けつけたら、いったんそのトランザクションをリーダーに送ります。新規のトランザクションは

すべて一度リーダーの承認ノードに集約されます。

3. リーダーは非承認ノードから集約したトランザクションをほかの承認ノードに転送します。トランザクションは複数まとめて転送されることもあり、その場合は送信されてきた順序を守って転送するようになっています。

4. リーダー以外の承認ノードは、リーダーから転送されたトランザクションがリーダーによって改ざんされていないことを確認します。承認ノードは確認した結果をほかの承認ノードに送信し合い、お互いにその結果を検証します。

5. 各承認ノードは一定の台数から「トランザクションが改ざんされていない」という検証結果を受け取ったら、「トランザクションは全員に正しく送信されている」と判断し、その結果をまたほかの承認ノードに送信します（「一定の台数」は PBFT のアルゴリズムで決定します）。

6. 承認ノードは、一定の台数から「トランザクションが全員に正しく配信された」という結果を受け取ったら、改ざんされていないと判明したトランザクションを処理して、台帳に記録します。承認ノードは台帳の更新を終えると、その結果を非承認ノードに送信します。

7. 非承認ノードは、一定の台数の承認ノードから台帳の更新処理が終了したことを知らされると、「トランザクションの実行が完了した」と判断します。ユーザーは非承認ノードを通じてこの結果を確認できます。

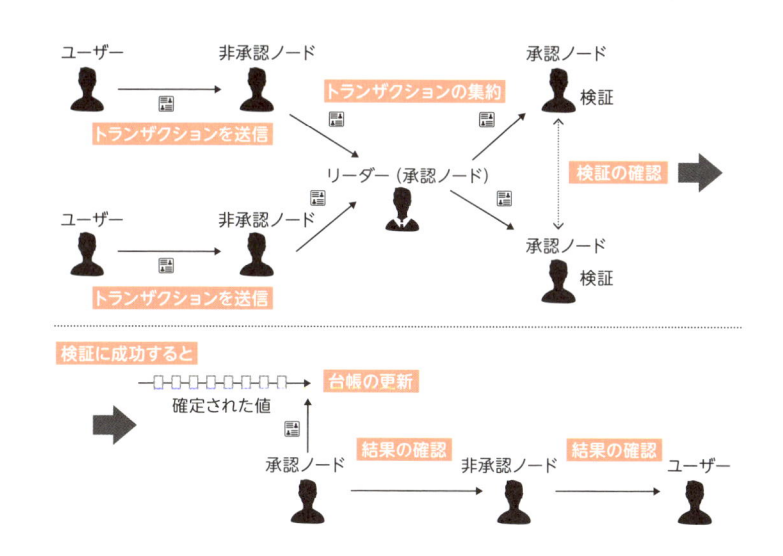

● PBFTのメリット・デメリット

　PBFTのコンセンサス・アルゴリズムには以下のようなメリット・デメリットがあります。

■ PBFTのメリット・デメリット

メリット	
処理速度が速い	・限られた参加者で、多数決を行うため意思決定が早く、トランザクション処理数がビットコインやイーサリアムと比べて、多い
消費電力が少ない	・ネットワークの合意にPoWの代わりに、承認ノードによる多数決を用いるので、PCに過度な負担をさせない
ファイナリティの確立	・一度決定・実行されたトランザクションは覆らない ・多数決で意思決定をしたのちに、ブロックを作成する為、一度確定下ブロックは履らず、ファイナリティが確定する

デメリット	
管理者の存在	・複数の管理者の相互監視で、不正を防止している ・真正性が低くなる
固定費用	・PoWやPoSのようなブロック報酬がないため、参加ノードの運用コストは、自分で負担する必要がある
ネットワークの拡張性	・多数決による意思決定のため、参加者の人数が限られる
分散性が低い	・少数の承認ノードが意思決定をしている ・単一障害点が生じる

● BFTを採用しているプラットフォーム

「ビザンチン障害」に強い耐性を持つアルゴリズムとそのプラットフォームを簡単に紹介します。

- リップル社の仮想通貨**XRP**は「Proof of Consensus」（合意による証明）という検証の仕組みを持っています。この仕組みには、リップル社が管理して選んだ承認ノード（Validator）と一般のノードが存在します。承認ノードの8割が検証・承認したトランザクションは、XRP Ledger（分散型台帳）に追加されるようになっています。リップルのPoCに似たコンセンサス・アルゴリズムとして、仮想通貨Stellarの「Stellar Consensus Protocol」も存在します。
- **ヘデラ・ハッシュグラフ**というブロックチェーンプラットフォームは「asynchronous Byzantine Fault Tolerance（aBFT）」（非同期ビザンチン障害耐性）という性質を持っています。aBFTは、トランザクション処理速度が速いこと（1秒間に数十万回）、トランザクションが公平に発生順に処理されること、などの特徴があります。
- 仮想通貨NEOは「Delegated Byzantine Fault Tolerance(dBFT)」というアルゴリズムを採用しています。delegateは「委任された」・「選出された」という意味の政治的な方法を表す言葉です。一般のNEO保有者が、トランザクションを生成するBookkeeperを複数選出し、そのうちのランダムに選ばれる1人のBookkeeperがブロックを生成します。

まとめ

- ▶ **BFTとはビザンチン将軍問題に対する耐性を持つ性質**
- ▶ **BFTにはファイナリティがあり、一度決められた合意は覆らない**
- ▶ **Hyperledger FabricはpBFTという仕組みを採用している**

32 サイドチェーン
～ブロックチェーンの機能を拡張する技術

サイドチェーンとは、メインのブロックチェーン（メインチェーン）に紐づいた第2のブロックチェーンであり、メインチェーンのセキュリティを担保しつつ、目的に応じた機能拡張が可能となります。

● サイドチェーン登場の背景

何らかの新しい機能を持ったブロックチェーンを作りたい場合、従来のやり方では下記のような課題がありました。

- 新しい機能を実装したい場合にビットコインに実装することはできるが、ビットコインの仕様を変えるための合意を得るのが大変で、現実的ではない
- 独自ブロックチェーンを作る場合、十分なハッシュパワーを集めるのが難しいので、セキュリティの観点からビットコインのマイニングを活用したい
- 開発者のリソースが分散してしまうことは避けたい

そこで、これらの課題をクリアすべく開発されたのが**サイドチェーン**です。

● サイドチェーン活用による機能拡張

サイドチェーンを実装することにより、メインのブロックチェーンに大がかりな変更を加えることなく機能拡張などを行えます。つまり、メインチェーンの高いセキュリティ耐性を残しつつ、柔軟性を手に入れることができるようになるのです。例えば、ビットコインの場合、取引の一部をサイドチェーン上で処理し、メインチェーンの負担を減らすことにより、手数料の軽減や処理時間の短縮が可能となります。

また、独自トークンをサイドチェーン上で発行できるという特徴もあります。サイドチェーンを実装することによって、サイドチェーン上で独自トークンを

発行することが可能になります。

● サイドチェーンの仕組み

　サイドチェーンは、それ自体ブロックチェーンとして独立していながら、メインチェーンの機能の恩恵も受けることができ、また、メインチェーンとの間でのデータ移動が可能です。このブロックチェーン間の自由な移動を可能にしたのが、**双方向ペグ（two-way pegging）**という仕組みです。例えばビットコインのブロックチェーンにサイドチェーンを実装した場合、ビットコインをサイドチェーンに送ったり、逆にサイドチェーンからメインチェーンに戻ったりするような、双方向の取引が可能になります。

■ 双方向ペグによりメインチェーンとサイドチェーンの間で双方向の取引が可能

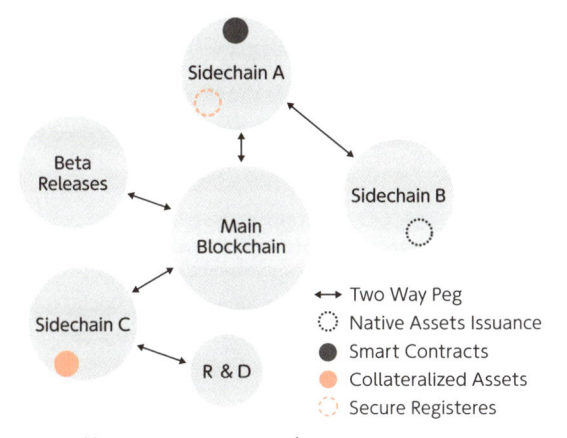

（参考：Blockstream 社ホワイトペーパー）

● サイドチェーンが抱える課題

　しかし、サイドチェーンの実装には課題もあります。それは、主にマイニングに関するものです。ブロックチェーンでは、通常マイニングを行う際、膨大なハッシュパワーが必要となります。仮にサイドチェーンでもビットコインと同じPoWを採用する場合、サイドチェーンに対してもハッシュパワーが必要になりますが、

これが少ない場合には攻撃の対象になってしまいます。「ビットコインのメイン
チェーンの攻撃は難しくても、サイドチェーン上のビットコインならば攻撃して
入手することができる」という状況が発生する可能性があるのです。

　これを防ぐために、メインチェーンとサイドチェーンの各ブロックを同時に
マイニングする手法（**マージマイニング**と呼ばれる）も提案されています。こ
の方法であれば、ビットコインのマイナーが副収入を求めてサイドチェーンも
マイニングするようになり、セキュリティが高まります。ただし、このマージ
マイニングが十分機能するかは不透明で、マイナーが参加しない場合は、セキュ
リティ面に不安を抱えることになります。

● サイドチェーンの例

　現在、ビットコインやイーサリアムにおいて、さまざまなサイドチェーンが開
発されていますが、有名なLiquid、Rootstock、DAppチェーンを紹介しましょう。

■ 主なサイドチェーン

サイドチェーン	対象のメインチェーン	開発企業	特徴
Liquid（リキッド）	ビットコイン	Blockstream	メインのブロックチェーンからビットコインを移動できる（これはLBTCと呼ばれる）。23の仮想通貨取引所がコンソーシアムとして参加しており、これらの取引所が取引を承認する
Rootstock（ルートストック）	ビットコイン	RSK Labs	ビットコインのブロックチェーンで、イーサリアムのようなスマートコントラクトを実行できる。マージマイニングを導入予定
DAppチェーン	イーサリアム	Loom Network	イーサリアムを利用するDAppsのためのサイドチェーン。1つのDAppsに対して1つのDAppチェーンが存在し、それぞれ個別にコンセンサス・アルゴリズムを設定することが可能

● Liquidとは

Liquidは、カナダのBlockstream社が開発した、ビットコイン初のサイドチェーンです。すでに運用実績があり、信頼性が証明されているビットコインのブロックチェーンを利用しつつ、別のチェーンを使いたいという目的で、2014年にBlockstream社がサイドチェーンの開発を始め、ホワイトペーパーを公開しました。

メインチェーンであるビットコインのブロックチェーンと、サイドチェーンであるLiquidが双方向にペグ（two-way peg）されているLiquid Networkでは、相互にデータのやり取りができるようになっています。

ここで、Liquid Networkの仕組みを確認してみましょう。Liquidを活用した取引は、以下のように行われます。

■ Liquidを活用した取引

エスクローアドレスにBTCを送金	Liquid上にL-BTCが生成される	L-BTCをメインチェーンに戻す	LiquidからL-BTCが消滅する

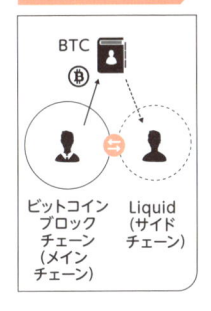  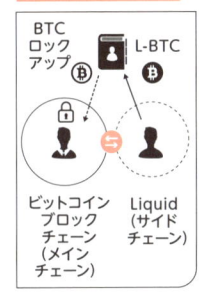 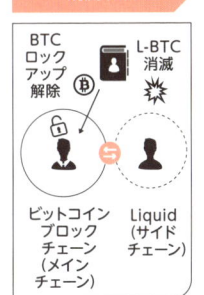

1. エスクローアドレスにBTCを送金する

   まず、ユーザー（仮想通貨取引所など）は、エスクローアドレス（特殊なハードウェア）にBTCを送金します。その結果、Liquidにシグナルが送られます。

2. Liquid上にL-BTCが生成される

   次に、シグナルを受けたLiquidに、送金されたBTCと同等のL-BTC（BTCペグ通貨）が生成されます。Liquid内では、メインチェーンのブロック生成に左右されず、高速なトランザクションを実現できます。この間、エスクローアドレスに送金されたBTCはロックアップされます。

3. L-BTCをメインチェーンに戻す

   メインチェーンとLiquidは双方向にペッグされているので、L-BTCはメインチェーンに戻すこともできます。コンソーシアムに参加するノードの2/3以上の合意が取れた場合、メインチェーンにシグナルが送られます。

4. LiquidからL-BTCが消滅する

   その結果、BTCのロックアップは解除されてメインチェーンに戻り、対応するL-BTCはLiquidから消滅します。

まとめ

- ▶ **サイドチェーンはメインチェーンと部分的に互換性を持ち、独立して運用される**

- ▶ **サイドチェーンの開発により、既存のチェーンにおける機能拡張が可能**

- ▶ **サイドチェーンはマイニングに関する課題があり、マージマイニングが提案されている**

5章

スマートコントラクトとDApps

ブロックチェーンの分散ネットワーク上で、事前に結んだ契約を自動執行するのがスマートコントラクトです。スマートコントラクトの主要な活用例や、それを実装できるブロックチェーンの特徴を理解していきましょう。

33 スマートコントラクトとは
〜分散ネットワーク上での契約締結・自動執行

スマートコントラクトとは、広義には「取引における契約・執行を自動で行う仕組み」全般を指します。また、ブロックチェーンの文脈では「イーサリアムなどのブロックチェーンに配置された自律的に動作するプログラム」のことを意味します。

● スマートコントラクトの定義

スマートコントラクトに関しては専門家や著名人によってさまざまな解釈が存在し、明確な定義は定まっていません。もともとは、1990年代に法学者・暗号学者であるNick Szabo氏が「デジタルな方法により、あらゆる資産が動的に処理されるような契約（コントラクト）」をスマートコントラクトと呼んだことに端を発します。現在では、広義では「取引における契約・執行を自動で行う仕組み」のことを指すものとされています。ただし、ブロックチェーンの文脈においては、スマートコントラクトは「ブロックチェーン上に配置された自律的に動作するプログラム」のことを指し、日本語における法的な「契約」という意味合いは含まれていません。本書でも、このブロックチェーンにおける定義で説明していきます。

イーサリアムの考案者であるヴィタリック・ブテリン氏は、2018年10月には「イーサリアムにおけるプログラムを "Smart Contract" と名づけたのを後悔している。より技術的な言葉として、例えば "Persistent Script" と名づけるべきだった」と発言しています。彼は "Persistent Script" という表現で、「ブロックチェーン上で永続的に動くプログラムである」という特徴を表したかったのでしょう。

● スマートコントラクトの例

スマートコントラクトという概念の提唱者であるNick Szabo氏は、スマートコントラクトの例として自動販売機を挙げています。

自動販売機で飲料を購入するのに必要な条件は、「お金の投入」と「飲料の選

択」であり、両方が行われない限り飲料は手に入りません。いい換えると、自動販売機は、あらかじめ決められたルールを満たすことでお金と飲料の所有権の移動を行う機械であるといえます。また、自動販売機を通じて行っていることは取引であり、仲介する第三者や契約書なしで契約を行っています。

■ 自動販売機はスマートコントラクトの一例

仲介者なしで取引を実行

取引の実行条件
- ・購入に必要な金額の投入
- ・欲しい飲料の選択

● スマートコントラクトと電子契約の違い

電子契約とは、契約成立までの手続きや、契約書の合意の事実を電子化することです。

一方、スマートコントラクトは、上記の自動販売機でも触れた通り、あらかじめ決められたプログラムに従い、契約の執行までを半ば強制的に行います。

■ 電子契約とスマートコントラクト

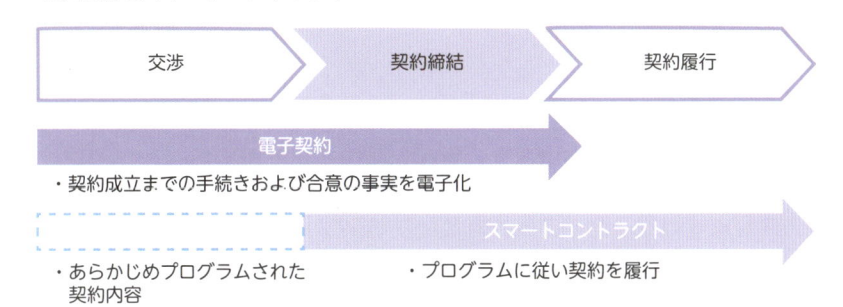

● 活用事例①：エスクローによる不動産の売買

　従来の不動産売買契約では、売り手と買い手の間にエスクローサービス会社が存在し、中間手数料を徴収していました。しかし、スマートコントラクトを活用することで、

- ・中間業者を排除することで、取引コストを削減できる
- ・中間業者の信用リスクがなくなる
- ・資金決済と所有権の移転を同時に執行できる

といったメリットが生じます。

■ スマートコントラクトを活用した不動産のエスクロー取引

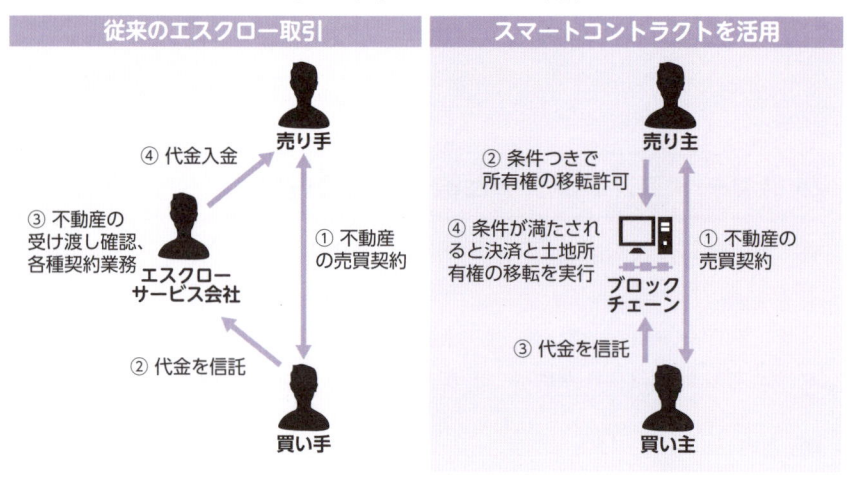

● 活用事例②：自転車シェアリングサービス

　自転車保有者は貸し出すことで副収入を得ることができ、借り手はいつでも身近な自転車を安価に借りることができます。借り手と貸し手双方で取引の完了が確認できないと、デポジットおよびサービス対価はリリースされません。

■ スマートコントラクトを活用した自転車シェアリングサービス

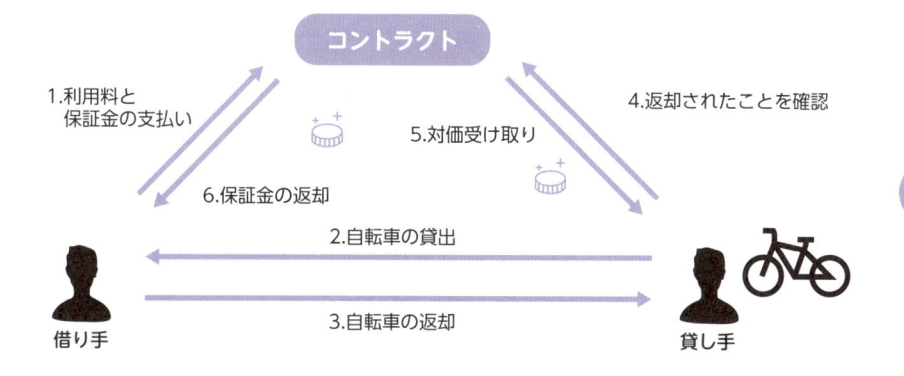

1. 借り手はまず、スマートコントラクト（ブロックチェーン上のプログラム）に利用料と保証金を支払う
2. 借り手は自転車を借りる
3. 利用後、借り手は自転車を返却する
4. 貸し手は自転車の返却を確認し、スマートコントラクトに報告する
5. 貸し手はスマートコントラクトから利用料を受け取る
6. 借り手はスマートコントラクトから保証金の返却を受ける

● スマートコントラクトのメリット

ブロックチェーンにおけるスマートコントラクトには、以下のようなメリットがあります。

・コードの安全性が高い
コードはブロックチェーンに格納されるため、悪意あるコードへの書き換えを防げます。
・契約執行スピードが速い
契約条件の確認がプログラムにより実行されるため、条件が満たされれば、すぐに契約を実行できます。

・仲介者コストを削減できる

　仲介者が不要となるため、仲介者への手数料などの費用削減につながります。

● スマートコントラクトの課題

　他方で、ブロックチェーンにおけるスマートコントラクトには、以下のような課題もあります。

・コードの設計が難しい

　契約の実行において仲介者や専門家が担っていた役割をコードに置き換えるため、コーディングには経験と専門性が必要になります。また、ブロックチェーン上の記録は改変ができないため、バグなどが発見された場合に対応が難しく、コーディングは慎重に行う必要があります。

・単体でイベント発生が判断できない

　スマートコントラクトのトリガーとなるイベントが発生したか否かの外部情報を、誰かが入力することが必要な場合があります。この外部情報入力は、スマートコントラクトの文脈において非常に重要な概念で、これをトラストレスで実現しようとするプロジェクトが数多く存在し、課題解決に向けて開発を行っています。

・契約成立の時間を正確に特定できない

　ブロックチェーンのタイムスタンプはマイナーなどの検証ノードによる申告ベースの時刻を記録しており、かつ確定前に次のブロックを処理し始めるため、正確に契約成立の時間を特定することは困難です。

・法的規制が未整備

　既存法の枠組みでは明確に判断できない部分が多く、トラブルの際などの対応が不明確です。

● スマートコントラクトの法的拘束力

　スマートコントラクトにおける契約は、電子書面での契約に近いため、一定程度の法的拘束力を持つと考えられます。ただし、ブロックチェーンにおいて一般的な考え方であるCode is law（プログラムが法律である）に反しますが、契約者が未成年だったときなどには、自動執行された契約の有効性が問われ、裁判で争われることも考えられます。

　また、米国においては法的拘束力強化の動きがあります。アリゾナ州では、ブロックチェーン上でデータを書き込み・保持・共有することが法的拘束力を持つこと（2018年4月）や、ブロックチェーンのデジタル署名が執行可能性のある法的拘束力を与えること（2017年4月）が認められています。また、バーモント州では、ブロックチェーン上のデータが法的拘束力を持つ証拠物であると認められました（2017年5月）。

　今後、このようなスマートコントラクトに対して法的拘束力を認めるか否かが、世界各国で議論され、ルールが取り決められていくでしょう。

まとめ

- ▸ スマートコントラクトは、ブロックチェーン上にデプロイして実行されるプログラム
- ▸ 自動執行されるため仲介者が不要になり、コスト削減効果が期待できる
- ▸ スマートコントラクトが社会で普及していくには、いくつかの課題が存在する

34 分散型アプリケーションとDAppsブラウザー

DApps（分散型アプリケーション）とは、ブロックチェーンを利用したアプリケーションです。従来のアプリと違い、中央管理者がいない点やオープンソースな点、アプリ内にトークンが流通している点など、ユニークな特徴を持っています。

● 分散型アプリケーションの定義

ビットコインやイーサリアムといったブロックチェーンは、中央管理者が存在しないP2Pネットワークです。その分散的なネットワークで、定められたルールに基づいて自律的に動くアプリケーションのことを「**Decentralized Applications（DApps）**」（分散型アプリケーション）と呼びます。一方で、従来の中央管理者のいるアプリケーションは「**Centralized Applications（CApps）**」（中央管理型アプリケーション）と呼んでいます。

DAppsの特徴には、

1. オープンソースで誰でも閲覧ができて、自由に参加できる
2. アプリが単一のコンピューター上ではなく、ブロックチェーン上で実行され、中央管理者がいないフラットな環境で利用できる
3. アプリケーション内でさまざまな価値をトークン化して、参加者は貢献に応じてそのトークンを報酬として受け取ることができる

などがあります。ただしDAppsの定義はあいまいで、アプリケーションによって異なります。CAppsとDAppsの特徴を比較すると、図のようになります。

■ CAppsとDAppsの対比

Centralized (中央管理型) Applications	Decentralized (分散型) Applications
中央管理者 (仲介者) が存在	中央管理者 (仲介者) は不要 (P2P通信)
管理者がプラットフォームを維持する	マイナーと開発者がプラットフォームを維持する
アプリのソースコードが公開されていない	アプリのソースコードが公開されている
データはサーバーに集中保存	データは複数のサーバーに分散保存

● DApps の構成要素

DApps は、ブロックチェーンと既存の技術やインフラの両方を使って構築されています。ここでは DApps をバックエンド、フロントエンド、データストレージに分解して、DApps の仕組みを見ていきます。

バックエンドは、フロントエンドの入力データや指示を元に、処理を行って結果を出力したり、記録媒体に保存したりする処理をします。DApps では、プログラムコードやアプリ内の関係するデータをブロックチェーンに保存します。データの読み込みや書き込みをブロックチェーンに対して実行することで、スマートコントラクトがデータを呼び出したり、結果を返したりします。つまり、実行したいトランザクションをユーザーがアプリ側で作って送り、実際の記録処理はマイナーが担う形になっています。

フロントエンドは、ユーザーと直接やり取りをします。DApps のフロントエンドは、主に標準的な Web やアプリの技術 (HTML／CSS や JavaScript) で実装され、フロントエンドの情報を Web ブラウザーやブロックチェーン側に返したり、呼び出したりします。鍵管理やトランザクションの送信、メッセージの署名といったブロックチェーンとのやり取りは、MetaMask のような Web ブラウザーの拡張機能を通して行われます。MetaMask とは、Google Chrome などの Web ブラウザーで、簡単にイーサリアムのアドレスを作成して、Ether の送金・受金ができる拡張機能です。

DApps のデータすべてをブロックチェーンに大量に保存することや、ブロッ

クチェーン上で処理することは、多くの場合簡単ではありません。これを解決するために、IPFS（InterPlanetary File System）やSwarmといったP2Pネットワーク上にデータを分散保存するプロジェクトが活用されています。また、容量の大きいメタデータは、既存のDBに保存されることもあります。

■ 一般的なDAppsの見取り図

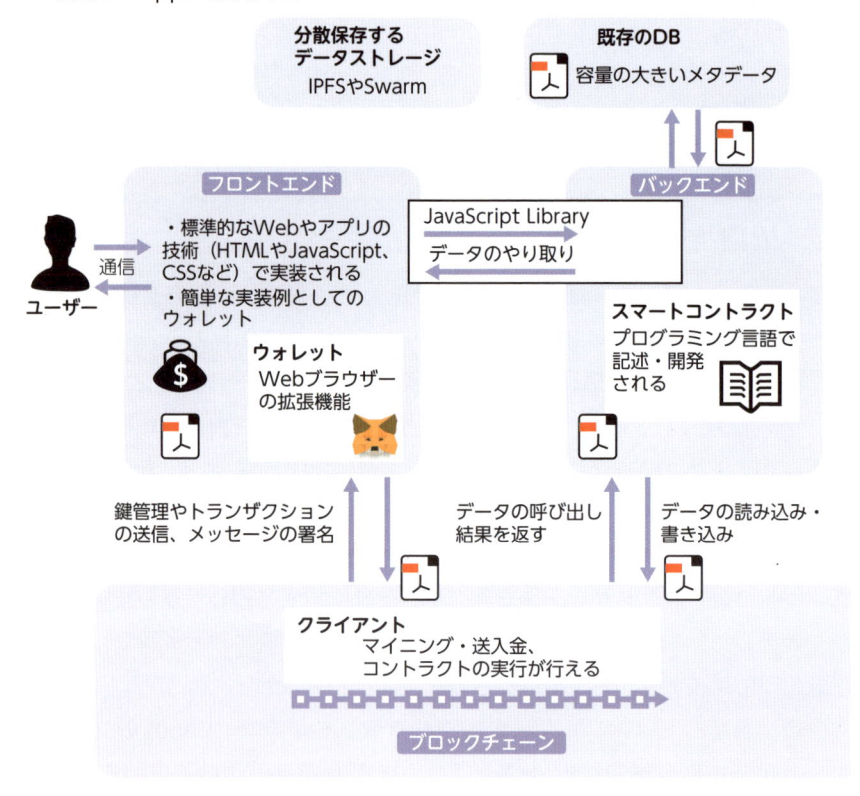

● DAppsの技術的問題

　多くのスマートコントラクトは**一度デプロイ（ブロックチェーンにプログラムを配置すること）されてしまうと、基本的に変更ができません。**シンプルなプログラムの場合、それで問題は発生しませんが、例えば7章で紹介するCryptoKittiesのような複雑なゲームの場合、変更できないことが問題になりま

す。なぜなら、不具合の発生や、ユーザーや開発者がゲームのバージョンアップを望むことによって、何度もアップデートが必要になるからです。そこでCryptoKittiesには事実上のバックドアがついていて、開発者が自由に変更できるようになっています。これは結果として、DAppsに中央管理者に近い存在がいることを意味しています。

イーサリアムの場合、イーサリアム上で何らかの処理を実行するには、Ether建てで手数料を払う必要があります。これはGasと呼ばれ、Gasが不足している場合、処理は実行されません。アプリケーション内でアクションのたびに課金が発生するDAppsは、無料のアプリケーションに慣れたユーザーには、一般的なWebアプリより利用のハードルが高くなってしまいます。そこでDAppsを企画する際には、設計者は、何をブロックチェーンベースで行いたいかを考慮する必要があります。

また、これからDAppsのユーザーが増加するにつれて、ブロックチェーンネットワークが時間内にトランザクションやコントラクトを処理できず、ネットワークの遅延や手数料の高騰が発生する可能性があります。これは結果としてDAppsが正常に動作しなくなる問題を引き起こします（スケーラビリティに関ては、第6章にて詳しく説明します）。

まとめ

- ▶ ブロックチェーン上で自律的に動くアプリケーションを **DApps** と呼ぶ
- ▶ スマートコントラクトに基づくデータの処理や保存をブロックチェーンで行う
- ▶ 一度デプロイされると変更できないことや、実行に手数料が必要などの特徴がある

35 イーサリアムと Enterprise Ethereum

イーサリアムのブロックチェーンはビットコインとは異なり、DApps（分散型アプリケーション）のためのプラットフォームです。また、イーサリアムを企業向け仕様にした Enterprise Ethereum もあり、活発に開発が進められています。

● イーサリアムとは？

　イーサリアムは2013年当時カナダのウォータールー大学の学生であったヴィタリック・ブテリン氏が提案し、2014年にICOを行って約16億円を調達し、開発が進められてきました。イーサリアムの内部通貨Etherは2019年現在、時価総額がトップ3に入るほどの仮想通貨です。またヴィタリック氏はイーサリアムを「ワールドコンピューター」だと説明します。イーサリアム以前のブロックチェーンが通貨を主な目的としていたのに対して、イーサリアムは停止せず、24時間自律的に動き続ける汎用性を持ったコンピューターを目指しているためです。

● 開発の目的

　ヴィタリック氏は、ビットコインのブロックチェーンから着想を得て、イーサリアムを発表しました。イーサリアムがビットコインと異なるのは、複雑なプログラムも記述して実行できるという点と、プログラムを実行するための環境である**イーサリアム仮想マシン（EVM: Ethereum Virtual Machine）**を備える点、そして状態を保存できる（ステートフルと呼ばれる）点です。より柔軟な言語がいくつか存在し、その中でも現在人気なのはJavaScriptと似ていて一般的なプログラマーにも取り組みやすい「**Solidity**」と呼ばれる言語です。開発者はSolidityでプログラムを書き、それをブロックチェーン上に配置（デプロイと呼ばれる）し、ブロックチェーン上で動作させることができます。

　また、開発者がプログラムをデプロイする際や、ユーザーがトランザクショ

ンを送る際には、手数料としてのEther（Gasと呼ばれる）をマイナーに支払わなければなりません。この送金手数料とブロック報酬によってマイニングが行われることで、イーサリアムのブロックの生成とセキュリティが保たれています。

■ビットコインとイーサリアムの目的の違い

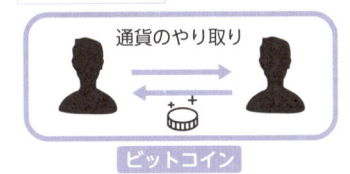

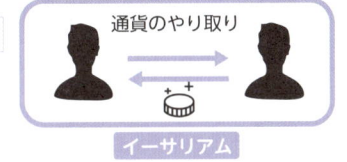

● アカウントの種類

　イーサリアムには2つのアカウントがあります。1つ目は、ビットコインにおける一般的なアカウントに相当する、人が所有するアカウントです。このアカウントはブロックチェーンの外にあるため、外部所有アカウント（**Externally Owned Account:EOA**）と呼ばれます。EOAはトランザクションを発行して、Etherを送金・受金できます。

　2つ目のアカウントは、ブロックチェーン上のアカウントです。ブロックチェーン上にプログラム（コントラクトと呼ばれる）をデプロイしたときに作られ、**コントラクト・アカウント（CA）**と呼ばれます。EOAと違い、対応する秘密鍵がありません。CAを用いることで、ブロックチェーンにデプロイされ

たコントラクトを、EOAやほかのCAから呼び出して、実行することができます。

● イーサリアム仮想マシン（EVM）

　EVMは、イーサリアムのプログラムの実行環境を提供する仮想マシンです。世界中にあるWindows／macOS／Linuxなどのさまざまな環境上で、同じようにプログラムを動作させるために、仮想的なコンピューター（仮想マシン）として動作します。EVMはSolidityやVyperなどのEVM用のプログラムを、EVMバイトコード（機械語）に翻訳して実行します。

　EVMは、同じ入力に対しては常に同じ出力を生成して、同じ状態の変化を起こします。プログラムの実行後、EVMはEOAとCAの状態の変更をブロックチェーンに記録します。こうしてEVMはステートマシンとしての機能も持ち、トランザクションの履歴を絶え間なく保存しています。

● イーサリアムが苦手なこと

　イーサリアムは汎用性を持ったワールドコンピューターを目指している一方、以下のような苦手な処理もあります。

- ・RDBのような、複雑な検索やSQLを利用することはできません。基本的にキーバリュー型のデータ保存しかできないとイメージしてください。
- ・大きなデータを1つのブロックで保存することはできません。そのため大きなデータは、外部サーバーに保存せざるを得ません。
- ・パブリックチェーンはすべてのデータをネットワーク参加者で共有するため、機密性の高いプライバシー情報などを保存するのに向きません。
- ・ネットワーク参加者ごとに何ができて何ができないといった、送金・デプロイなどの細かい許可の制御ができません。この点は後述するEnterprise Ethereumで課題として取り組まれています。
- ・プログラムの条件分岐に必要なブロックチェーンから見た外部の情報（為替レート、どこかの地区の天候や気温、スポーツの試合結果など、現実世界で起きている情報）を、取り込む技術にはまだ課題が多い状況です。

・ブロックチェーンに登録したデータは基本的に修正はできず、上書きのみが可能です。そのため現状では、DApps などのスマートコントラクトの部分をアップデートする際は、元のコードを直接更新するのではなく、新しいコードをデプロイすることになります。

● ERC20の仕組み

　イーサリアムではトークン実装のための標準規格があります。これを使うと、ポイントのように流通させたいトークンや、ある資産の所有権を証明するためのトークンを発行して、DApps で管理・流通させることができます。イーサリアムはトークンを取引所やウォレットで扱いやすくするために、共通の規格を持っています。これにより、互換性のあるトークンが発行できます。最初に**Ethereum Request for Comments（ERC）**として導入されたのが、**ERC20**です。現在イーサリアム上の多くのトークンが、この仕様で発行されています。

■ ERC20トークンのリスト

Chainlink LINK	USD Coin USDC	OmiseGO OMG
Maker MKR	Basic Attention Token BAT	Augur REP
Crypto.com Chain CRO	TrueUSD TUSD	0x ZRX

● Enterprise Ethereum（EE）の仕組み

　Enterprise Ethereumは、イーサリアムと互換性を保ちながら企業用途に特化したブロックチェーンです。Enterprise は「企業向け」を意味します。このプロジェクトではイーサリアムのパブリックチェーンとは別に、限られた関係者内で、イーサリアムに近い仕様のブロックチェーンを構築することを目指して

います。開発の背景に以下のようなものがあります。

1. PoWによる合意形成では、処理できるトランザクション数が限られる
2. パブリックチェーンであるイーサリアムでは、パーミッションが制御できず、プライバシー情報が公開されてしまう
3. パブリックチェーンであるイーサリアムの仕様の変更は開発者やマイナーなどコミュニティ全体で合意を取らなければならず、企業のプロダクト開発では利用しにくい

■ イーサリアムとEnterprise Ethereum

イーサリアム		Enterprise Ethereum	
公開型	ブロックチェーンの記録は誰でも閲覧できる	非公開型	企業機密・プライバシー情報を保護できる
アクセス自由	誰でもネットワークに参加することができる	アクセス制御	限られた人にだけアクセス権を与えられる
仕様変更が難しい	ネットワークユーザーの合意がなければ仕様を変更できない	仕様変更可能	利用する企業が仕様を決められる

まとめ

▶ **イーサリアムは、仮想通貨にとどまらず汎用性を持ったコンピューターを目指している**

▶ **ビットコインと異なり、複雑なプログラムを記述して実行することができる**

▶ **企業向けには限られた参加者間で利用できるEnterprise Ethereumが開発されている**

36 EOS
〜イーサリアムの対抗プラットフォーム

EOSは2018年6月にメインネットをローンチしたスマートコントラクトプラットフォームです。1年間に渡って実施したICOでは約4300億円を調達しました。イーサリアムに比べ処理能力が高く、スケーラビリティ問題を解決したプラットフォームといわれています。

● EOSとは

EOS は、「Ethereum killer」と称されることもある次世代のブロックチェーンです。スマートコントラクトプラットフォームであり、EOS プラットフォームで利用できるDAppsの開発も盛んに行われています。

■ EOS 公式 Web サイト

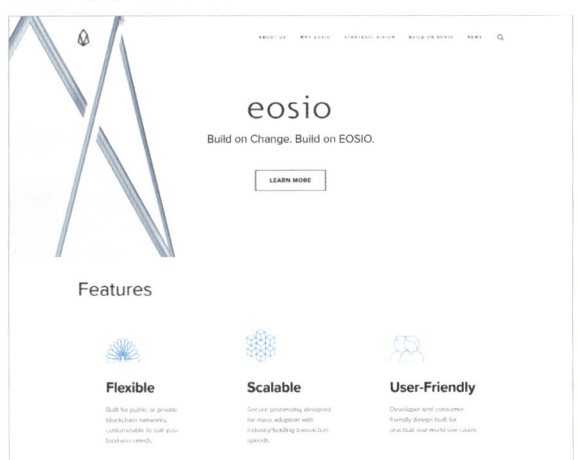

https://eos.io

EOSの大きな特徴は、以下の3点です。

・理論上、1秒間に数十万〜数百万件のトランザクションが処理可能
・ユーザーが支払うネットワーク手数料がない
・スマートコントラクトの書き換えが可能

EOSはビットコイン（秒間約5〜10件）、イーサリアム（秒間約15件）を大きく上回る処理能力を持っています。トランザクションの際に、ユーザーが支払うネットワーク手数料もありません。デプロイ後もスマートコントラクトの書き換えが可能なので、重大なバグが見つかっても対応できます。

　使用しているコンセンサスアルゴリズムは、ビザンチン障害に耐性のあるDelegated Proof of Stake（DPoS）です。DPoSとは、PoSの一種で、通貨の保有者に保有量に応じた投票権を割りあて、その投票により取引の承認者を委任するアルゴリズムです（第4章の「PoS（Proof of Stake）」を参照）。

◯ 処理能力の高さの理由

　EOSは、限られた数のノードによってトランザクションを処理することで、高い処理能力を実現しています。EOSでは、**21の選ばれたノードによってトランザクションが処理**されています。21のノードは、先ほど紹介したDPoSの仕組みによって選出されます。これら21のノードはBlock Producersと呼ばれます。

■ Block Producersの選出

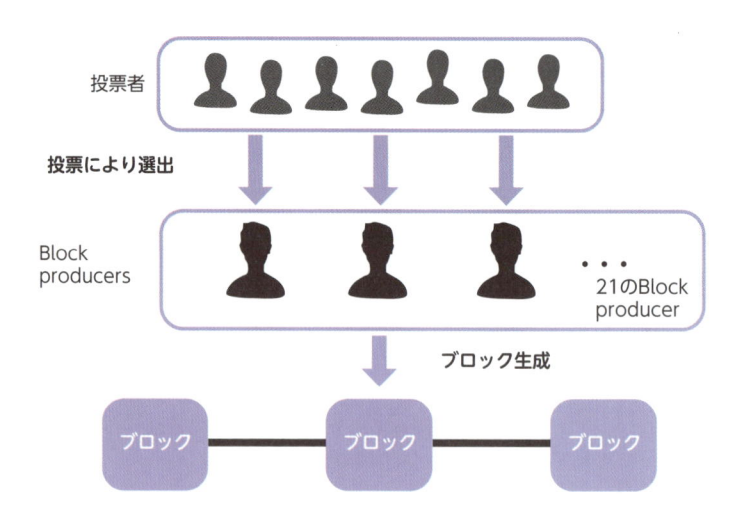

Block Producersは、投票で獲得した票の割合からブロック生成の権利を得ます。Block Producersのブロック生成の報酬は、EOSのインフレ率5%のうちの1%から毎日支払われます。Block Producersが代表としてブロック生成を行うことで、EOSはトランザクション処理能力を高めています。

● スマートコントラクトを書き換え可能

イーサリアムでは、デプロイ後に重大なバグが見つかってもスマートコントラクトを書き換えることはできませんが、EOSでは**Block Producersの合意が取れればスマートコントラクトの書き換えが可能**です。

● Worker Proposal System

Worker Proposal Systemは、インフレ率5%のうちの残りの4%から、ネットワークに貢献した人に報酬を与える仕組みです。4%の報酬は、コントラクトアドレスに分配され、コントラクトアドレスからネットワークに貢献した人のアドレスに分配されます。報酬を受け取れるケースとしては、EOSのプロトコルへの有益な提案、EOSの利便性を高めるツールの作成などが考えられます。Worker Proposal Systemは、Block Producersの承認を経て実行されます。

● EOS Core Arbitration Forum

EOS Core Arbitration Forum（以降ECAF）は、EOS内におけるルールを作成している組織です。EOS内で何らかのトラブルなどが発生した場合、問題の沈静化を図ります。ECAFはコミュニティの管理が役割ですが、EOSのネットワークにおける権限はありません。EOSネットワークを管理しているのは、あくまでBlock Producersです。新しいルールをECAFが適用する場合、EOSユーザーはルールを理解したことを署名する必要がありますが、トランザクションにハッシュ化された署名を含めることで、署名したことになります。

ECAFが定めているEOSネットワーク内におけるルールを変更する際は、Block Producersから15の賛成票を得る必要があります。

● トランザクション手数料

EOSには、**トランザクション発行の際に発生するユーザーの送金手数料がありません**。これは、アプリケーション開発者が送金手数料を肩代わりしていることにより成り立っています。

- ・ユーザーは、手数料を払わない
- ・アプリケーションの開発者は、EOS上にスマートコントラクトをデプロイする際に手数料を払う

手数料の支払い方法にも、EOS独自の特徴があります。アプリケーション開発者はデプロイ時にEOSトークンを手数料として払うのではなく、EOSトークンを **EOS RAMトークン** というものに変えて払います。ここでの「RAM」はRandom Access Memoryのことで、コンピューターのメモリに由来するものです。

■ EOSでの手数料の支払い

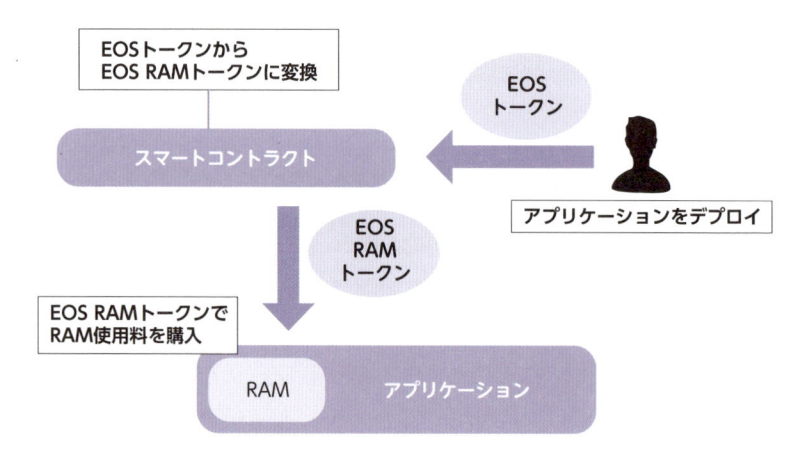

EOSトークンとEOS RAMトークンの変換は、スマートコントラクトを通して行われます。EOSで使用されるRAMには、コントラクトや秘密鍵などを格

192

納する役割があります。また、ユーザーもアカウント作成時に4KB分のRAMを準備する必要があり、その際に入会金のような形でEOS RAMトークンを支払う必要があります。

● EOSが注目される理由

イーサリアムなど多くのブロックチェーンではトランザクション発行時、ユーザーに手数料がかかりますが、前述した通り、EOSの場合はアプリケーション開発者にかかります。

これにより、ユーザーはEOS内でのアプリケーションを利用する金銭的コストが軽減されるとともに、仮想通貨になじみがないユーザーでも利用しやすいなど、ユーザーエクスペリエンス上も、ハードルを大幅に下げることができます。

21のノードで構成されるBlock Producersが中央集権的にブロック生成を行うことで、ほかの分散性に重きを置いているビットコインやイーサリアムなどよりも高いトランザクション処理能力を発揮します。一方で、ブロックチェーン本来の強みである非中央集権性、分散性、検閲耐性が弱まっているともいえます。

Block Producers間の合意が取れれば、デプロイ後のスマートコントラクトも書き換えることができます。これにより重大な問題を引き起こすバグを発見した場合、問題が発生する前にバグを潰すことができます。しかし、イーサリアムのような、デプロイ後のスマートコントラクトを書き換えることができないプラットフォームと比較して、中央集権的な仕組みだと批判されることもあります。

● 今後の課題

ネットワークを公正にするには、オペレーションを行うBlock Producersの選出を公平にする必要があります。投票権利は、所有するEOSトークン量に応じて与えられます。所有トークン量にユーザー間で大きな差が生まれると、選出されるBlock Producersも偏る可能性があり、EOSネットワークが中央集

権的なものになってしまいます。

　Block Producers による談合や相互投票などが行われると、実質少数による管理と変わらなくなり、それであればクラウドサービスを使ったほうがよいのではないかといわれかねません。

　選出されたBlock Producersは「取り込むトランザクションの選定」や「スマートコントラクトの書き換え」、「Worker Proposal System の承認」など、EOSネットワーク内で強い権限を持っています。Block Producers の権限を考えると、トランザクションの改ざんや検閲などの可能性についても考慮する必要があります。

 まとめ

- ▶ **EOSは、スマートコントラクトを実装できる主要なブロックチェーンの1つ**
- ▶ **ユーザーが手数料を支払う必要がない、取引の処理能力が高いなどの特徴がある**
- ▶ **限られたノードで取引を承認するため、中央集権性を指摘されることがある**

37 Hyperledger Fabric と Corda

企業がブロックチェーンを活用する際には、秘匿性の高いデータの保持や、信頼できるノードによる認証が不可欠です。ここでは、信頼できる参加者のみで構成されるプライベートチェーンの代表であるHyperledger FabricとCordaについて見ていきましょう。

● Hyperledger Fabricとは

Hyperledgerとは、Linux Foundationによるブロックチェーン推進コミュニティです。**Hyperledger Fabric**は、Hyperledgerコミュニティ内の1プロジェクトとしてIBMが主導するブロックチェーンです。Hyperledger Fabricは、2017年7月にベータ版のv0.6から正式版のv1.0へとアップグレードされ、合意形成にかかる時間が短縮されました。以下ではv1.0に関して、その特徴を解説します。

■ Hyperledger Fabricのソースコード

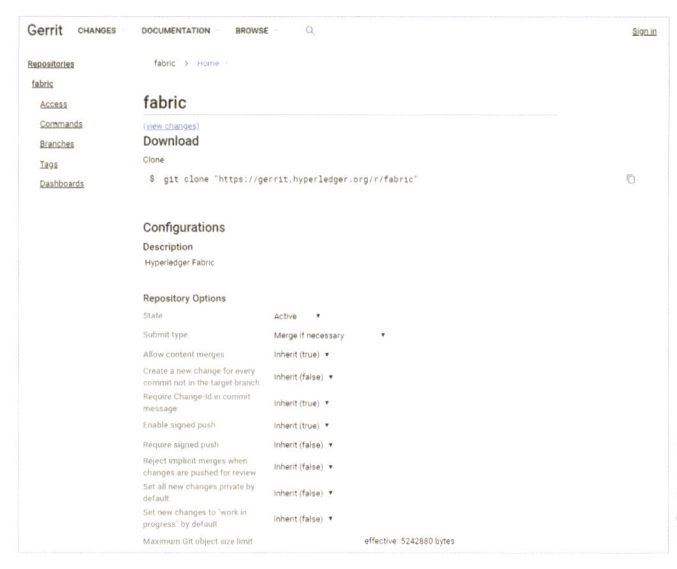

Hyperledger Fabricのソースコードは、公式Webサイトや GitHubで公開されている。

● Hyperledger Fabricの特徴

Hyperledger Fabricの特徴としては、以下の4点が挙げられます。

・許可制ネットワークであり、秘匿性の高いデータを扱えること
・パブリックチェーンとは違い、ノードの管理へのインセンティブが不要なため、プラットフォーム用の仮想通貨が存在しないこと
・トランザクションを並列・分散処理するため、スケーラビリティが高いこと
・各参加者間では、異なる台帳（サブレッジャー）が共有されること

特に企業では4つ目が重要視され、これは競合する複数の企業が参加するコンソーシアムチェーンにおいて重要な役割を果たします。コンソーシアムチェーンでは、業界全体で共有すべき情報だけではなく、各企業間の個別取引情報など、機密性の高い情報も扱います。その際に、取引金額、取引時間など自社の取引情報を競合他社に知られてしまうと不都合が生じます。

そこで、ノードごとに参加するチャネルを分け、自分が属していないチャネルの台帳を参照できないようにすることで、情報の共有に制限をかけているのです。

■ チャネルによって台帳が異なる

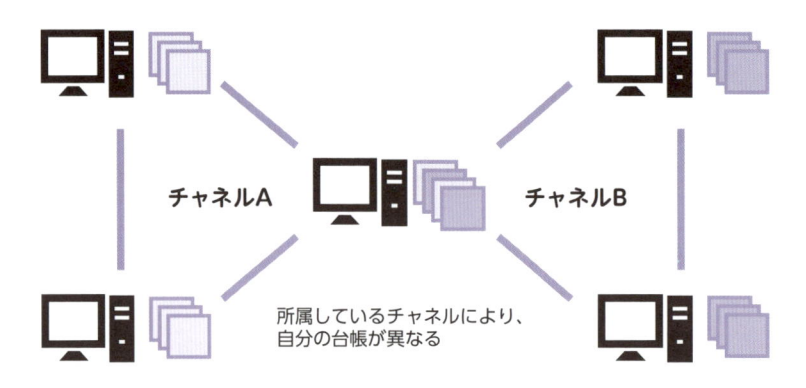

チャネルA　　　　　　　　　チャネルB

所属しているチャネルにより、
自分の台帳が異なる

◉ Hyperledger Fabricの活用事例

証券決済における事例を紹介します。

現在、日本株式市場全体の取引額の6割以上を、海外機関投資家による取引（非居住者取引）が占めています。この日本株取引における、非居住者による証券決済プロセスの課題として、数多くの関係当事者間で決済指図のデータをリレーして処理しているため事務処理の工数が大きいこと、また、仮にどこかで情報に齟齬が発生してしまうと修正が間に合わず、証券決済ができない「フェイル」の状態になり、損害金が発生してしまうことがありました。

そこで、日本ユニシスでは、Hyperledger Fabricを活用し、約定段階で関係者が情報を共有できる仕組みが検討されています（参考：https://www.unisys.co.jp/news/nr_180330_dlt.html）。これにより、海外機関投資家と海外証券会社の間での約定情報を関係当事者がリアルタイムで参照することを実現し、関係当事者間でのデータのリレーにかかる事務工数を削減します。加えて、取引情報の不備に気がついた場合、早期の対応が可能になり、決済フェイルの削減にもつながります。

■ Hyperledger Fabricによる約定情報の共有

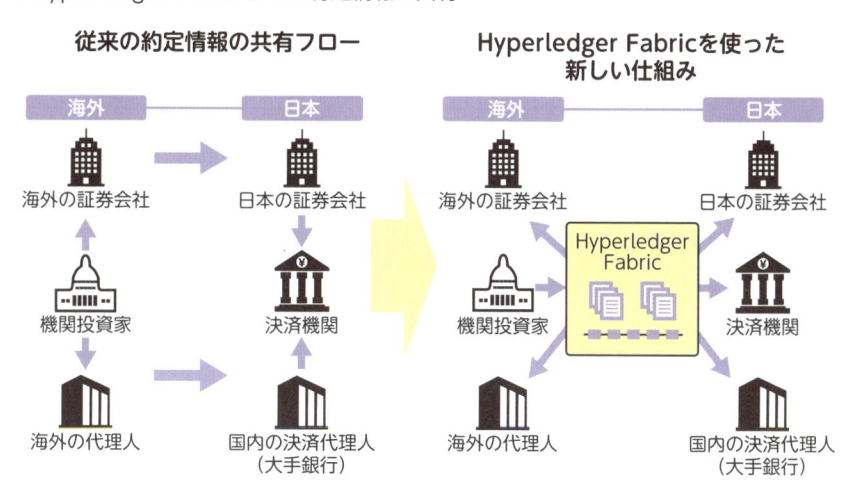

⬤ Cordaとは

Cordaは、R3社が開発した主に金融機関向けのブロックチェーンです。Cordaには、以下の3つの特徴があります。

・Hyperledger Fabric同様、許可制ネットワークであること
・ネットワークの参加者は異なる台帳を持ち、自分自身が関わった取引だけが記録されること
・ネットワーク参加者としての金融機関以外に、以下のような第三者機関が参加すること

    規制当局（金融庁など）：取引データのモニタリング
    オラクル（ロイター、ブルームバーグなど）：金利や為替レートなどのマーケット情報の提供
    ノータリー（監査法人など）：二重支払いの防止を検証

⬤ Cordaの仕組み

上述の通り、Cordaは匿名性を担保しながら取引できるという特徴を持っています。

それに比べて、既存の主なパブリックブロックチェーンでは、ネットワーク内で行われたすべての取引データが保存されたただ1つの台帳を、それぞれの参加者が保有する仕組みになっています。

■ 既存のブロックチェーンと Corda のブロックチェーン

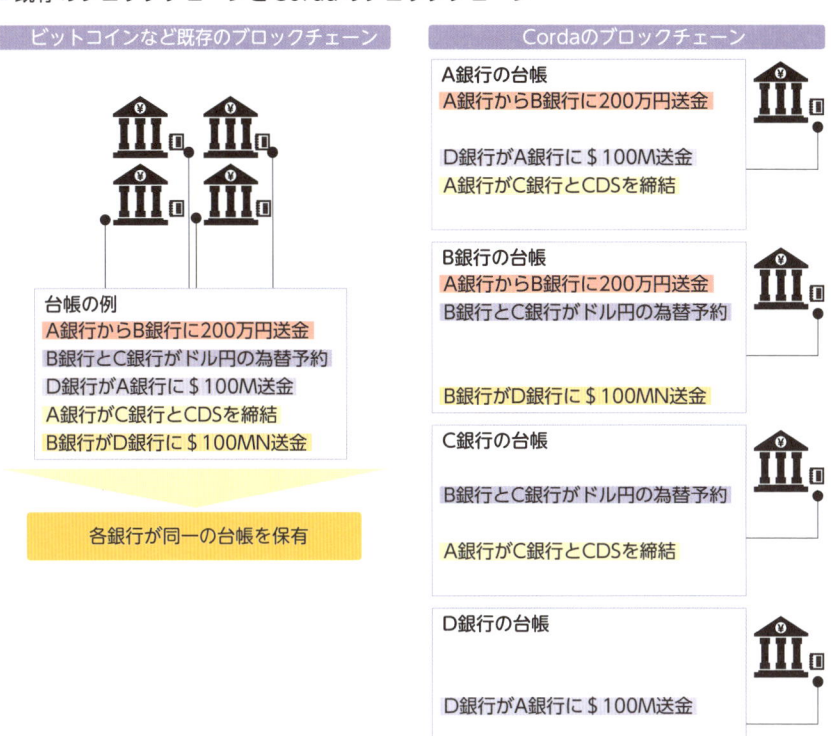

一方、Cordaでは、自分の取引に関するデータのみを保存した台帳を各銀行が保有します。そのため、各銀行が保有する台帳はそれぞれ異なります。これにより、銀行間取引などの機密情報を守りつつ、迅速な取引を実現しています。

● Corda の活用事例

ここでは、貿易金融における事例を取り上げましょう。

ある発展途上国にいるAさんが、別の国のBさんから、商品を輸入する例を考えます。

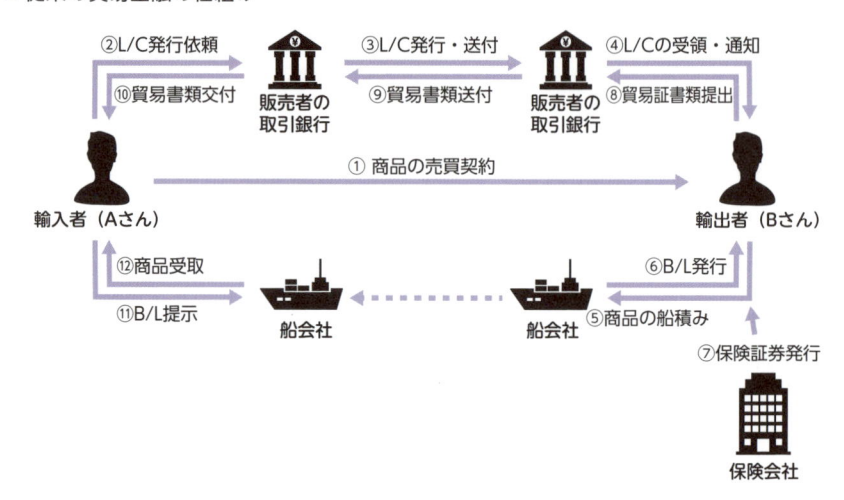

ここで、この二者は取引が初めてのため、BさんはAさんが本当にお金を支払ってくれるのか確証がありません。そこで、Aさんと古くから取引のある銀行が、信用状を発行して、商品代金の支払いを保証してくれるのです。

ただし、この取引では、非常に大きな事務作業が発生します。書類が信用状だけならよいのですが、実際には輸出入に伴う船荷証券、保険証券、為替手形など、多岐に渡ります。

これらすべてを紙ベースで行っているため、これまでは1回の取引に5〜10日かかっていました。この貿易金融の煩雑なやり取りは、Cordaを活用することで大幅に迅速化されます。

■ Cordaを活用した貿易金融の仕組み

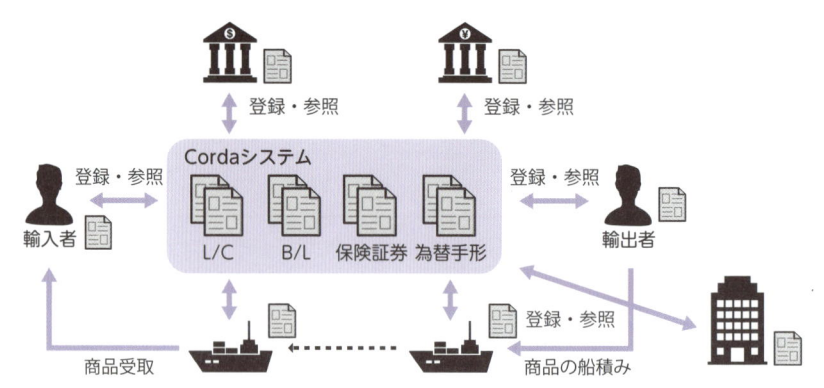

Cordaのシステムを使って、信用状、船荷証券、保険証券、為替手形などの書類をすべてブロックチェーンに記録していきます。そして、この取引に関係する輸出者、輸入者、取引銀行、保険会社、船会社などは、このプラットフォームにアクセスして、データ上でこれらの書類を利用します。個別にEメールや郵送をする手間がなくなるため、即座に関係者全体で情報を共有できます。

ここまでの仕組みを聞くと、単に紙でのやり取りをデジタル化しただけと思われる方もいるかもしれません。しかし、データの保存にブロックチェーンを活用しているため、基本的に1つの組織が勝手に自分が有利になるようにデータや処理プログラムを改ざんできないことが保証されており、信頼できる形で情報や処理プロセスの共有ができます。これは、ブロックチェーンを利用しなければ実現できなかったことです。

このような形で、利害が相反するステークホルダー間で、勝手に改ざんできない形でデータやプロセスを共有する必要がある場合には、Cordaは極めて有効となります。

この事例は、実際にHSBCとINGという海外の2つの銀行で導入されています。穀物商社であるカーギル社の大豆の輸出入において利用しており、**従来5～10日かかっていた取引を24時間以内に完了**させることができました（参考：https://www.about.hsbc.co.jp/-/media/japan/jp/news-and-media/180514-block-chain-transcation-jap.pdf）。

✏ まとめ

- ▣ **Hyperledger Fabric は IBM 社が開発を主導するブロックチェーン**
- ▣ **Corda は、R3 社が開発した金融機関向けのブロックチェーン**
- ▣ **どちらもパブリックではなく、企業向けブロックチェーンとして提供されている**

38 オラクル
～現実世界の情報をブロックチェーンに提供

オラクルとは、英語で神のお告げ（神託）を意味し、ブロックチェーン外の現実世界で起きた情報をブロックチェーン内部用に提供するシステムです。これらの外部情報を元に、スマートコントラクトの処理が実行されます。

● オラクルの定義

　オラクルの定義はスマートコントラクト同様、専門家や著名人によってさまざまな解釈が存在し、実はこれといった定義は定まっていません。使われる場面によって「オラクル」の意味は変わりますが、多くの場合、ブロックチェーン外の現実世界の情報をブロックチェーン内部用に提供するシステム、またはそれを行う主体（サービスやサーバー）のことを意味します。今回は、ブロックチェーン外の現実世界の情報をブロックチェーン内部に提供するシステムとして紹介します。

● オラクルの概要

　ブロックチェーンはデータの信頼性を担保する特徴を持っていますが、ブロックチェーンにある情報はどこから来るのでしょうか？　仮想通貨の送金記録などはブロックチェーン上に記録されるやり取りのため、ブロックチェーン内で取得できる情報です。一方、現実世界で起きたことに関しては、ブロックチェーン外の情報であるため、取得することが簡単ではありません。

　例えば、「今年の野球で○○チームが優勝したら、ビットコインを支払う」といったようなスマートコントラクトを動かす場合、○○チームが優勝したかどうかという事実を現実世界、つまりブロックチェーン外から提供する必要があります。このようなときにオラクルが使用され、ブロックチェーン外からのブロックチェーン内へ情報の提供ができます。

■ 現実世界の情報をブロックチェーン内に提供

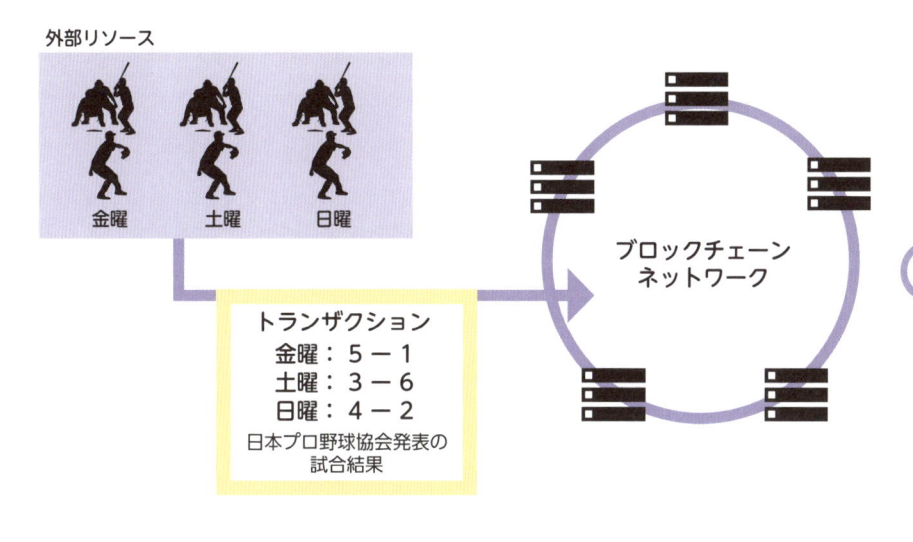

オラクルには集権型と分散型のオラクルの2種類があります。

● 集権型オラクル

　1つの運営者やシステムによって管理されているオラクルを、**集権型オラクル**といいます。現在動いているほとんどのオラクルサービスは集権型オラクルです。

　集権型オラクルは中央集権型のシステムであるため、サービス提供者が情報源と情報自体を検証します。そのため、ネットワークに参加しているユーザーは情報源と情報自体の検証をせずに、そのまま情報を参照することになります。

　そのため、ユーザーはサービス提供者のことを信頼する必要があり、トラストレスが特徴のブロックチェーンの設計思想とは根本的に特徴が異なります。

● 分散型オラクル

　ネットワーク上で分散管理されているオラクルを、**分散型オラクル**といいます。ブロックチェーンの設計思想に近いのは、こちらの分散型オラクルですが、

実際にあるオラクルサービスのほとんどが集権型オラクルです。これにはいくつかの理由があります。

1. 外部情報の検証と合意形成に時間がかかる
2. ネットワークユーザーへの分散型オラクル運用のインセンティブ設計が難しい

　分散型オラクルは、ブロックチェーンと同様の課題を抱えています。ネットワーク全体で分散的に情報の検証と合意形成を行うため、時間がかかります。また、ネットワークユーザーへのオラクル運用のインセンティブを作る必要がありますが、完全に分散的なインセンティブ設計の構築は難易度が高くなってしまいます。現在、この課題に取り組んでいるプロジェクトはいくつかありますが、まだ発展途上であり、十分に普及しているとはいえません。

● オラクルサービスの実例：Provable

　オラクルをサービス化した事例はいくつかあります。その中で、集権型オラクルである**Provable**（旧名：Oraclize）を紹介します。

　Provableは WebAPI から現実世界の情報を受け取り、要求に応じてブロックチェーンに情報を提供し、WebAPI と DApps における情報の橋渡し役として機能します。ビットコインやイーサリアム、Hyperledger Fabric などのブロックチェーンに対応しています。

　オラクルは情報の信頼性の検証が課題ですが、Provable は authenticity proof という暗号アルゴリズムを用いて情報の信頼性を担保しています。authenticity proof は、オンチェーン、オフチェーン両方で採用されています。また Provable は、情報の改ざんを防ぐためにいくつかのアルゴリズムを組み合わせて情報を検証し、信頼性のある情報元からの信頼できる情報をブロックチェーンネットワークに送っています。

　Provable はオンチェーンとオフチェーンそれぞれのオラクルソリューションを開発していますが、まずは開発が進んでいるオフチェーンソリューションについて紹介します（オンチェーンとオフチェーンの考え方に関しては、第6章の「Lightning Network」にて詳しく説明しています）。

● Provableのオフチェーンソリューション

Provableのオフチェーンソリューションでは、データ量の大きい検証結果はIPFS（InterPlanetary File System：P2Pネットワーク内でファイルを保存する分散型ファイルストレージ）に保存されます。ブロックチェーンにはデータのIPFSのポインタが記録され、ユーザーはそのポインタから検証結果にアクセスできれば、情報の信頼性が担保されていることになります。

■ 外部情報を信頼性を検証してから提供

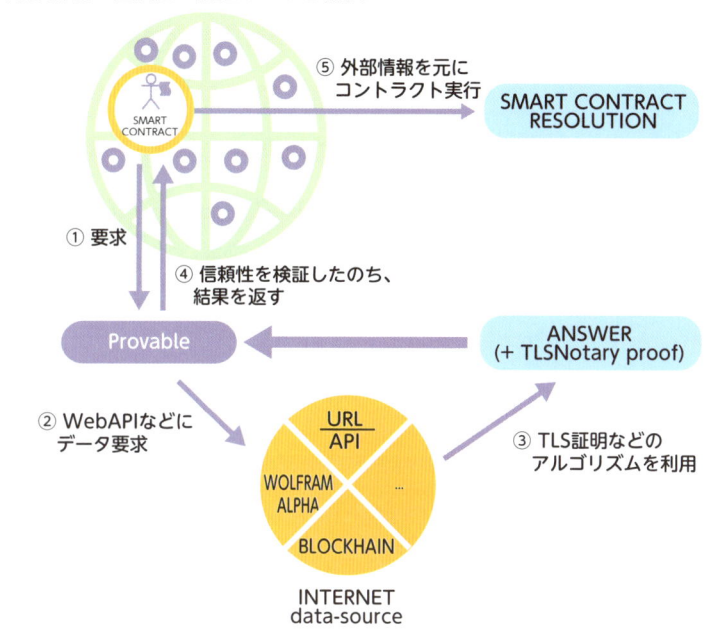

参考：Provable 公式 Medium

Provableは、ブロックチェーンからの要求に応じてWebAPIなどからデータを取得し、ブロックチェーンネットワークに結果を返す前に、TLS証明などを使用して情報の改ざん防止をしたり、信頼性検証をしたりして、情報の信頼性を担保しています。その流れは以下の通りです。

1. 外部情報を必要とするスマートコントラクトがProvableに外部情報を要求する
2. Provableはスマートコントラクトから指定されたAPIに情報を要求する
3. Provableは外部情報にTLS証明など複数のアルゴリズムを利用して、情報の改ざんを検知できるような通信を行う
4. Provableはauthenticity proofで情報の信頼性を検証して、ネットワークにブロードキャストする
5. 取得した外部情報を元に、スマートコントラクトが実行される

TLS証明やauthenticity proofなどの仕組みに支えられ、Provableは機能します。

● Provableのオンチェーンソリューション

オフチェーンソリューションと異なり、一般的にオンチェーンソリューションは検証フローが複雑なためデータ量が大きくなり、処理コストが高くなる欠点があります。

そこでProvableでは、**Proof Shield**という新たな方法でオンチェーンソリューションを実用可能にしようと開発を進めています。Proof Shieldを使用すると、検証結果のデータ量を減らすことができます。オンチェーンソリューションでは、スマートコントラクトが外部情報の信頼性を自動で検証し、情報を使用するか否かを決めます。信頼性がない情報はネットワークにブロードキャストされずに捨てられます。オフチェーンソリューションよりもGasはかかりますが、セキュリティが強化されており、外部情報の取得・検証をスマートコントラクトで行えるという特徴もあります。

● オラクルの課題

現実世界の情報の取り込みを可能にするオラクルは、パブリックチェーンの活用範囲を格段に広げる非常に重要な技術です。一方でオラクルはいくつかの課題を抱えています。

現時点で使用されているオラクルサービスは主に集権型オラクルです。

Provableのように検証サービスを複数用意し、単一障害点を防止することもできますが、ブロックチェーンと比べると攻撃を受けた際のセキュリティに不安があります。ブロックチェーンがトラストレスで信頼できる情報を保持できるとしても、オラクルサービスが攻撃を受けて不正な情報をブロックチェーンが取り込んだ場合、ブロックチェーンの信頼性は急激に落ちます。分散型オラクルの実用化も含め、オラクルのセキュリティ強化は重要な課題です。

　集権型オラクルはプロセスが全公開されているわけではないため、オラクルサービス提供者を信頼しなくてはならず、一般のユーザーからするとそのオラクルサービスのプログラムや検証結果が100%信頼できるものだと確認はできません。

　また、集権型のオラクルサービス提供者とユーザーが結託した場合、情報の改ざんや不正な情報のブロックチェーンへの取り込みが可能になってしまいます。

　現在のオラクルの課題は、集権型オラクルの中央集権的特性から発しています。課題を解決するためにも分散型オラクルの実用化は非常に重要ですが、検証と合意形成の時間やインセンティブ設計、情報の検証方法など超えなくてはいけない障害が多く、実現できていないのが現状です。

まとめ

- ▶ オラクルとは、ブロックチェーンネットワークに外部情報を提供する仕組み
- ▶ その仕組みの違いにより、集権型オラクルと分散型オラクルが存在する
- ▶ 現在は集権型オラクルが主だが、今後分散型オラクルの普及が期待されている

39 スマートコントラクトの応用例

現在、DAppsプラットフォームでは、多くのDAppsが開発されています。ここでは未来予測市場 Augur、分散型取引所 IDEX、分散デジタルIDサービス uPort、レンディングサービス Compound を紹介していきます。

● 未来予測市場 Augur の概要

Augur はイーサリアムを利用した「分散型未来予測」サービスです。ユーザーは誰でも予想の対象となるイベントを作成して、ほかのユーザーにその結果を予想させる市場（未来予測市場と呼ばれる）を作ることができます。また、作成されているイベントに対して、自由に投票に参加できます。Augur では、ブロックチェーン外の現実世界で起きているイベントの結果を報告してくれるレポーターが存在します。その報告結果に対してほかの参加者も REP トークンを預ける（ステーキング）することで協議を行い、正しい結果が決定されます。

● Augur の特徴

これまでの賭けごとやゲームなどはすべて中央集権型だったため、仲介者が必ず得をする仕組みでした。Augur は非中央集権型を実現することによって、仲介者が存在しない透明性の高い予測市場をユーザーに提供することができます。ユーザーは予想があたると Ether で報酬がもらえます。イベントの結果は、報告してくれた人（リポーター）たちの多数決で決まります。「群衆の知恵」という特性を活かして、たくさんのユーザーとリポーターを巻き込み、正しい予想をすることを目指しています。

■ 予想市場Augur

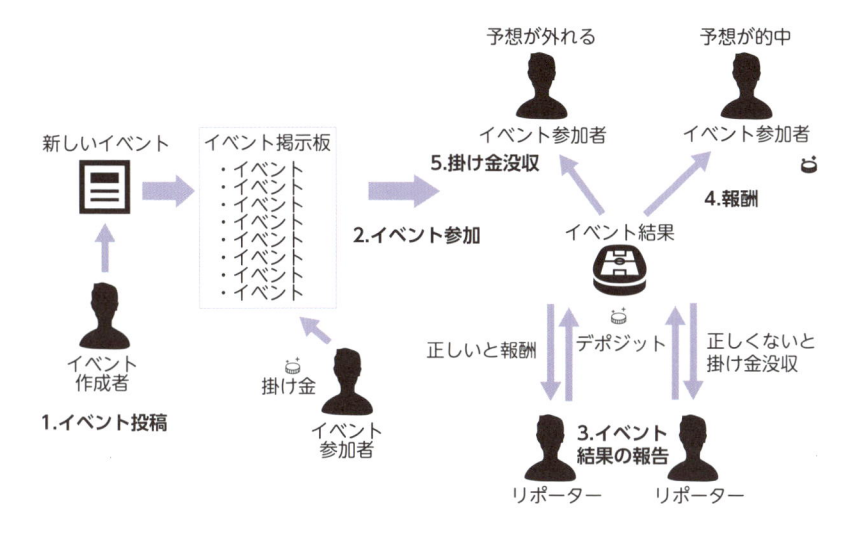

● 分散型取引所の概要

　仮想通貨の取引所には、**中央集権型取引所（Centralized Exchange、CEX と呼ばれる）**と**分散型取引所（Decentralized Exchange、DEX と呼ばれる）**の2種類があります。

　中央集権取引所では、管理者がユーザーの仮想通貨や秘密鍵を預かり管理しているのに対して、DEXはブロックチェーン上で動作し、そのような管理者が存在しません。そのためDEXではユーザーは仮想通貨の秘密鍵を自分で管理するようになっていて、従来の中央集権取引所で起きた内部不正や外部からの攻撃による不正が起こりにくくなっています。

　DEXは、コインの交換をするスマートコントラクトであり、ユーザーは自身でその秘密鍵（所有権）を保持しながら仮想通貨の取引を行います。CEXがユーザーの仮想通貨を預かり、すべて自社サーバー内で取引を完結させることと対照的です。また、CEXでは法定通貨を扱えるのに対し、現状DEXはブロックチェーン上で実装されているため、法定通貨は扱えず、主にコイン、トークンしか扱っていないという特徴があります。

● IDEXとは

IDEXはイーサリアム上でスマートコントラクトを用いて実装された分散型取引所で、現在DEXの中の約60%の取引を占めるほどの人気を誇っています（2019/8/6時点　参考 Etherscan： https://etherscan.io/stat/dextracker）。

IDEXを利用するとき、ユーザーは、取引の原資となる仮想通貨を取引所のコントラクトに入金します。この入金額の範囲内で売買の注文を出すことができ、注文がマッチングされると取引が成立します。その後成立した取引のトランザクションが毎回、イーサリアムのネットワーク上に送信され、ブロックチェーンに記録されます。CEXでは、個々の取引は取引所のサーバー内で行われてブロックチェーンに記録されないのと対照的です。

■ CEX・DEX・IDEXの比較

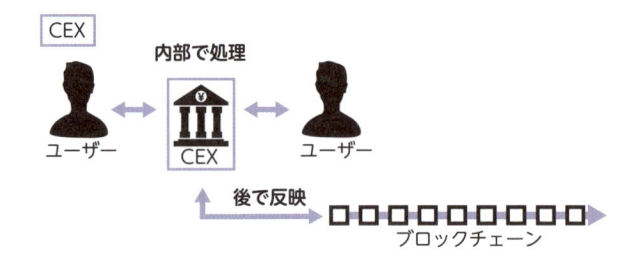

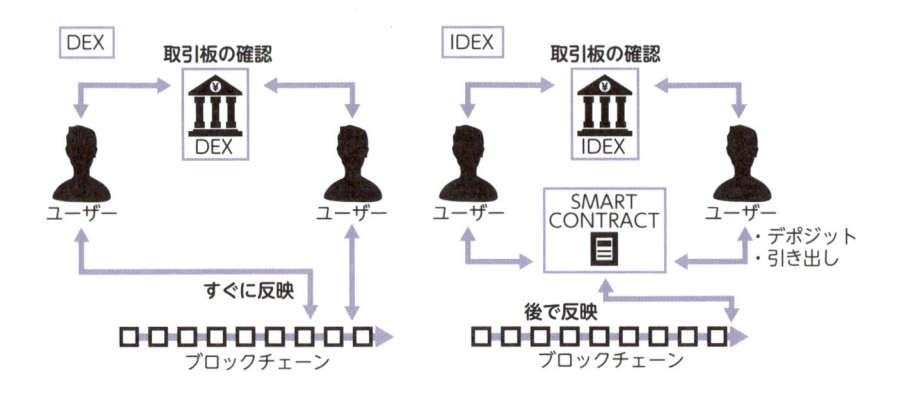

なお、一般的なDEXは、オーダーブックの管理や注文のマッチングもブロックチェーン上で行いますが、IDEXではこれらをサーバー上で行い、取引の約定だけをブロックチェーン上で行います。こうすることで、「注文や、注文のキャンセルをするだけで手数料がかかってしまう」というDEXのデメリットをクリアしています。このような特徴から、IDEXはハイブリッド型のDEXである、という表現をされることがあります。

● 分散デジタルIDサービス・uPortの概要

　uPortは、イーサリアムを活用して簡単で安全な身分証明を目指すDAppsです。これまでのWebサービスでは、

- ・ITサービスを登録するたびに、個別に個人情報を登録しなければならない
- ・サービスを提供する会社が個人情報を集中的に管理することには、情報漏洩などのリスクがある

　といった課題がありました。uPortを使うことで、ユーザーは個人情報を一元的に管理して、誰にどれだけの情報を公開するかを選択できるようになります。

● uPortの仕組み

　ユーザーはuPortアプリを用いて、ブロックチェーン上に個人情報に紐づいたIDを発行できます。uPortのアプリにはユーザーの秘密鍵が保存されています。このIDにはユーザーの秘密鍵を用いることでアクセスできます。もしスマートフォンを紛失した場合、マルチシグの仕組みにより、事前に決められた家族や知人が復元に同意することで、IDへのアクセスが可能になる復元システムを備えています。uPortはイーサリアムと分散ファイルシステム（IPFS:InterPlanetary File System）を活用していますが、公開されるのはユーザーの公開鍵のみであり、それ以外は閲覧できません。ユーザーはuPortに対応したITサービスで、自分の個人情報を安全かつ簡単に利用できます。

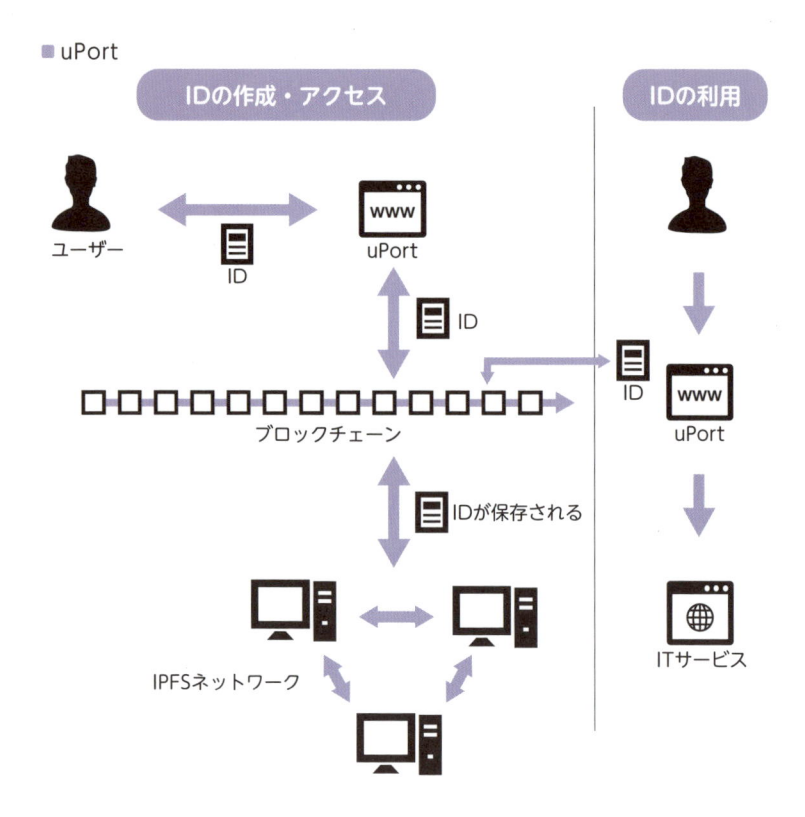

■ uPort

IDの作成・アクセス　　　　　**IDの利用**

ユーザー　　ID　　uPort

ID

ブロックチェーン

IDが保存される

IPFSネットワーク

ID　uPort

ITサービス

● スイスでの利用事例

　スイスのツーク市にはブロックチェーン関係の本拠地が多数存在し、クリプトバレーと呼ばれています。このツーク市で、uPortアプリを使って、市民のIDを安全に管理する試みが行われています。ツーク市民はオンラインサービスをuPortアプリを使って利用できるようになります。これまで実現したサービスの1つに、自転車シェアリングサービス「**AirBie**」があります。また現在オンライン投票や住民登録といったeガバナンスに、uPortを活用する取り組みが行われています。もう1つの事例として、スイス全土に数千人もの雇用を持つスイス連邦鉄道（SBB）が、各作業現場の労働者の身元確認の手段にuPortシステムを使い始めています。これによりSBBでは、紙ベースの確認作業をブロックチェーンベースのデジタルシステムに置き換えようとしています。

● レンディングサービスCompoundの概要

Compound（コンパウンド） は、プラットフォームを通じて投資家が仮想通貨の貸し借り を行えるサービスです。「お金の貸し借り」という経済の基幹部分を、ブロックチェーン上で中央管理者なしに実現する金融インフラの構築を目指しています。

● Compoundの仕組み

Compoundはイーサリアム上のコントラクトで構築されており、Etherや ERC20を扱う短期金融市場です。ユーザーは直接ユーザー同士で取引はせず、Compoundのコントラクトに担保資産を預けて、その預け入れ分の利子を稼ぐことができます。また、仮想通貨を借りたいユーザーは、担保としてこのコントラクトに別の資産を預けてから、借り入れを行うことになります。この担保率は最低150%と設定されており、この比率を下回ると強制的に決済されてしまいます。

● Compoundの特徴

Compoundホームページから、その特徴を紹介します（参考：https://compound.finance/）。

- トークンは24時間いつでも出し入れでき、流動性がコントラクトによって十分に保たれている。また世界でもっとも早く借入ができる
- 借り入れをする際には、その1.5倍の担保が必要であり、担保比率が1.5倍を下回った場合は強制決済をするため、信用リスク（貸し手にお金が返ってこないリスク）が低くなっている
- 金利は常に需給の変化を反映する。現在一番利子の高い仮想通貨はDaiトークンで、3.47%（2019/3/20時点）
- 十分な担保があるため、返済期限は無期限

■ Compoundによる貸し出しと借り入れ

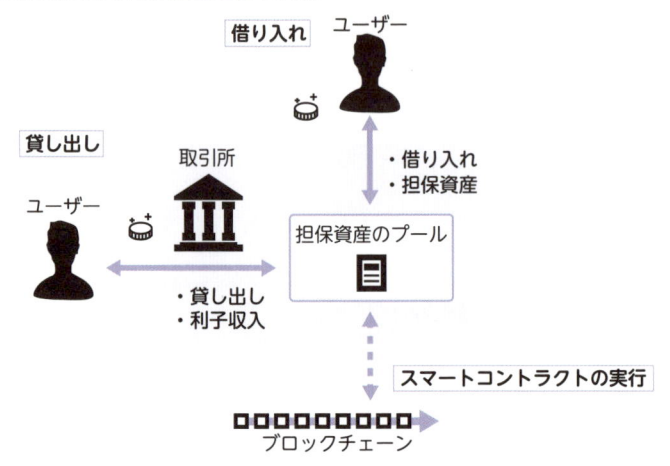

まとめ

▶ ブロックチェーンの特徴を活かした、さまざまなDAppsが開発されている

▶ その多くはGitHubでコードが公開されているため、詳細を学ぶことができる

▶ さまざまなDAppsが開発中であるため、日々の情報収集が極めて重要

6章

▼

ブロックチェーンの技術的課題

本章では、ブロックチェーンの技術的課題を紹介します。特徴的な技術として語られるブロックチェーンですが、まだ多くの課題があり、現在それを克服するためにさまざまな取り組みがなされています。課題を理解したうえで、開発に役立てていきましょう。

40 スケーラビリティ
〜チェーンの負担と拡張性の問題

トランザクション数が大きくなった際に、ブロックチェーンの処理能力を超えてしまい、送金が遅延したり、手数料が高くなったりすることをスケーラビリティ問題と呼びます。実用化に向けて、ブロックチェーンが乗り越えるべき主要な課題の1つです。

● スケーラビリティ問題とは

　仮想通貨のもっとも主要なユースケースは、決済であるといえるでしょう。ただし、現在のビットコインやイーサリアムといったブロックチェーンは、決済に活用しようとすると1つの課題に直面します。多数のユーザーが一度にビットコインやEther、およびDAppsを利用してしまうと、**ブロックチェーンの処理能力が追いつかない**という課題です。これは以前から議論されていましたが、特に表面化したのは2017年12月です。この月に1ビットコインが200万円を超え、投資熱もあいまってトランザクション数が急激に上昇しました。

　では、一般的な決済インフラの場合、どれくらいの処理能力が求められるのでしょうか。クレジットカード（Visa）の場合、世界で1秒あたり1700件の決済が行われています。また、日本国内における銀行振り込みのシステム処理を担っている全銀ネットでは、1秒間に約250件の振り込みが処理されています。一方で、主要な仮想通貨の1秒あたりの処理能力（処理できるトランザクション数）は次の通りです。

参考

Visa：https://usa.visa.com/run-your-business/small-business-tools/retail.html

全銀ネット：https://www.zengin-net.jp/zengin_net/pdf/pamphlet_j.pdf

決済手段	1秒あたりのトランザクション処理能力
ビットコイン	約5〜10件
イーサリアム	約15件
XRP	約1500件

　この表を確認すると、ビットコインやイーサリアムといったパブリックチェーンの仮想通貨はクレジットカードのVISAに比べ、**処理能力が著しく小さい**ことが確認できます。現在VISAを利用するにあたって、1秒あたりの処理回数が限界を超えてしまい、決済ができなくなるという状況は起きません。ところがパブリックチェーンであるビットコインやイーサリアムは、現在PoWのコンセンサスアルゴリズムで処理をしているため、処理能力に限界があるのです。

● 問題が表面化した2017年12月

　このスケーラビリティの問題が特に深刻になったのが、2017年12月です。背景には**仮想通貨バブル**があります。2017年、ビットコインを始めとした仮想通貨の価格はその技術的期待や投機的盛り上がりから、何倍にも上昇しました。多くの投資家とユーザーが仮想通貨・ブロックチェーンを利用し始め、それに比例するように仮想通貨のトランザクション量は増加しました。

　しかしブロックチェーンの処理能力は限られているため、トランザクションの遅延が発生し、ユーザーはより早くトランザクションを処理してもらうために手数料を高く設定するという状況が起こり、手数料も高騰していきました。以下の図はイーサリアムの1日あたりのトランザクション数と総手数料の推移の図です。2017年後半から2018年にかけて、急激に上昇していることがわかります。

■ イーサリアムの総トランザクション数と手数料の推移

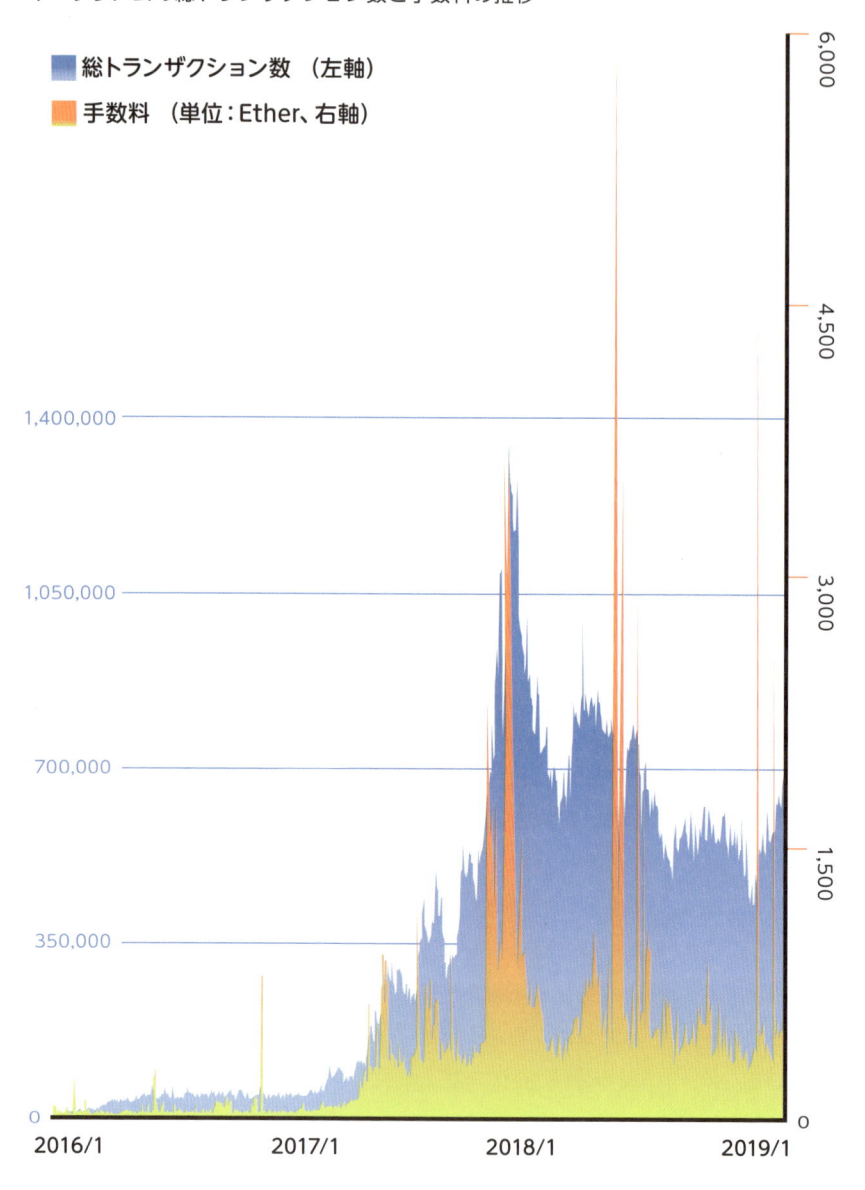

参考：

https://etherscan.io/chart/

注：手数料は、1日当たりの合計手数料

また、イーサリアムのトランザクション数が増加したほかの要因に、**活発な DApps 開発と ICO** が挙げられます。以下が DApps と ICO の推移です。DApps のユーザーや新しいトークンの増加により、スマートコントラクト実行も増加しました。その処理は通常の送金と同様に、ブロックチェーンの負担になりました。

■ DApps 数と ICO 数の推移

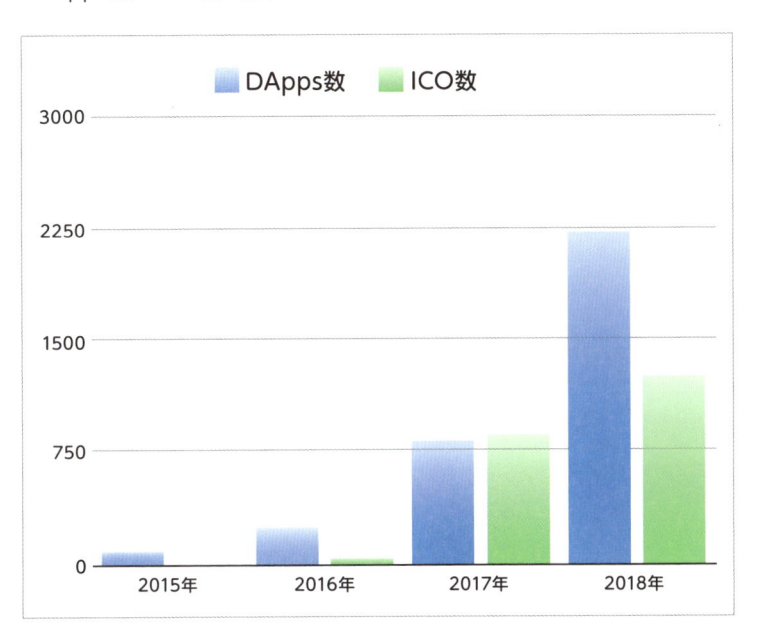

参考：

https://www.icodata.io/stats/

https://www.stateofthedapps.com/stats/

● スケーラビリティ問題の解決策

　このようなスケーラビリティ問題に対して、さまざまな解決策が検討されています。ビットコインやイーサリアムにおいて開発が進められている、主要な解決策は以下の通りです。

■ ビットコインやイーサリアムにおける解決策

解決策の方向性		対応するブロックチェーン
ブロックチェーンの仕様変更により対応する	1つのブロックのデータサイズを大きくする	ビットコイン（2-6にて解説）
	Sharding	イーサリアム（6-4にて解説）
ブロックチェーンの外（レイヤー2）にて処理をする	Lightning Network	ビットコイン（6-2にて解説）
	Raiden Network	イーサリアム（6-3にて解説）
	Plasma	イーサリアム（6-3にて解説）

まとめ

▶ ブロックチェーン上での取引の処理能力のことをスケーラビリティと呼ぶ

▶ ビットコインやイーサリアムでは、取引の処理能力の低さが課題となっている

41　Lightning Network
〜ビットコインのスケーラビリティを解決

メインのブロックチェーンと連携しながら、外部で何らかの処理を行うことをLayer 2（セカンドレイヤー）の技術と呼びます。ここでは、ビットコインのLayer 2である Lightning Networkについて理解しましょう。

● ブロックチェーンのスケーラビリティ問題

　一般的に、分散環境で動作するシステムは、システムの処理量が増大してきたときに、システムに参加するノードの数を増やして処理能力を向上させる**スケールアウト**によってスケーラビリティを担保しています。

　しかし、現在のブロックチェーンでは、このスケールアウトによる処理能力の向上が実現できません。なぜなら、トランザクションの検証やブロック追加といった作業について、各ノードがそれぞれまったく同じ作業をしており、ノードごとに分担してタスクを処理するわけではないからです。ノードの数を2倍に増やしても、1つのノードが処理するタスク量は減らないので、システム全体の処理能力は変わらないままです。

　ブロックチェーンのスケーラビリティ問題を解消するための技術は数多く提案されていますが、大きく分けると**オフチェーン型**と**オンチェーン型**に分類できます。それぞれの特徴とメリットについて簡単に解説します。

● スケーラビリティ問題への対応（オフチェーン型）

　オフチェーン型の提案では、システムが処理すべきタスクの一部をブロックチェーンの外側（オフチェーン）で処理し、どうしてもブロックチェーンで行なわなければならない処理やその結果だけをブロックチェーン上で行うことで、システム全体の処理能力を向上させます。オフチェーンで行われる処理については、ブロックチェーンに参加しているノード全体でデータを共有する必要がないため、高速な処理が実現できます。ビットコインにおける Lightning

NetworkやイーサリアムにおけるRaiden Networkは、このオフチェーン型の提案です。

　オフチェーン型の提案は、新しいノードを追加しても1ノードあたりのタスク量が減らないというブロックチェーンの課題を解決しているわけではないので、厳密にはスケーラビリティ問題を解決している技術とはいえません。しかし、ブロックチェーンのパフォーマンス上の課題に対する現実味のある解決策としては、有効だといえます。

　なお、少しややこしいですが、Lightning NetworkやRaiden Networkは、ビットコインやイーサリアムとは独立したプラットフォームであり、それら自体はスケーラビリティのあるアーキテクチャとなっています。

● スケーラビリティ問題への対応（オンチェーン型）

　一般的に、分散システムでスケールアウトを実現するためには、タスクやデータを分割して、分割されたタスクやデータを並列で処理する必要があります。このアイデアをブロックチェーンにも適用しようとするのが、Sharding（シャーディング）やPlasmaなどのオンチェーン型のソリューションです。

● Lightning Networkとは

　Lightning Networkは、**双方向ペイメントチャネル**と呼ばれる二者間の支払い経路を複数経由することで、チャネルを開いていない任意の二者間での高速かつ低コストな取引を実現する技術です。ビットコインの送金機能を高速かつ低コストで実現することが期待されています。

　ペイメントチャネルを開設するためには、利用される可能性がある額のデポジットを入金しておく必要があります。ある人が複数の相手とペイメントチャネルで取引を行おうとすると、デポジットがかさみ、実際には送金していないのに利用できないトークンの量が増えてしまいます。この問題を解消するため、Lightning Networkではすでに開設されているペイメントチャネルを利用し、第三者を中継するオフチェーン取引を実現しています。

■ Lightning Network

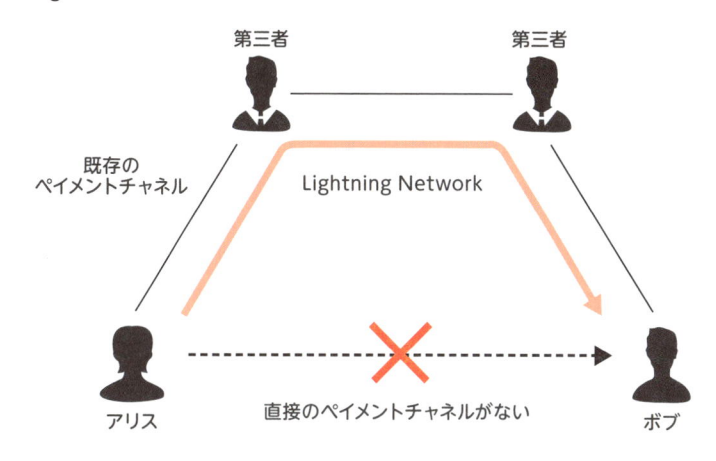

Lightning Networkは第三者にビットコインを預けるのではなく、取引相手と共同で管理する仕組みになっています。そして、送金するには、自分と取引相手の両方の鍵が必要です。そのため、第三者や相手が勝手にビットコインを盗むことができません。

また、ユーザー間でチャネルを開くのにかかる手数料は、ビットコインのブロックチェーン上で1回送金するときの手数料よりも安くなっています。

まとめ

▶ **スケーラビリティの問題には、オンチェーン型とオフチェーン型の解決策がある**

▶ **Lightning Network は、ビットコインの処理能力をオフチェーンで向上させる技術**

▶ **Lightning Network は双方向ペイメントチャネルにより高速で低コストの送金を行える**

42 Raiden Network と Plasma
〜イーサリアムのスケーラビリティを解決

前項で学習したLightning Networkはビットコインのセカンドレイヤーでしたが、イーサリアムのセカンドレイヤーには、Raiden NetworkとPlasmaがあります。それぞれの特徴を学習しましょう。

● Raiden Networkとは

Raiden Networkは、ビットコインの送金機能のスケーラビリティを解消するLightning Networkのアイデアをイーサリアムに応用した技術で、**イーサリアム上でEtherやERC20準拠のトークンを高速かつ低コストで取引するプラットフォーム**の構築を目指しています。

Raiden Networkプロジェクトの進行や開発は、brainbot labs Establishmentという団体が主導しており、技術的な概要については、公式サイト（https://raiden.network/）にまとめられています。Raiden Networkでの取引は、ペイメントチャネルと同様にブロックの生成を待つ必要がないため、即時決済が実現でき、トランザクションの手数料も少なく抑えられるため、少額決済としての利用が期待されています。

また、オフチェーンでの取引は公開されないので、プライバシーの強化にも利用できます。例えば、動画配信サービスで、視聴した秒数ごとに課金される仕組みをRaiden Networkで実現することを考えます。課金のトランザクションは毎秒作成されるとしても、そのトランザクションがブロックチェーンに取り込まれるタイミングは月に1回など任意のタイミングに制御することが可能です。もし、毎秒の課金トランザクションが逐次ブロックチェーンに書き込まれていれば、そのアドレスのユーザーが、どの時間帯にどのくらいの時間サービスを利用しているかといった情報を推定できてしまいますが、オフチェーンではその心配がありません。

一方で、Raiden Networkはあらかじめデポジットされた量の中で送金を行うため、多額の送金には不向きです。そして、スマートコントラクトの実行はできません。

● Plasmaとは

Plasmaは、ヴィタリック・ブテリン氏とLightning Networkの考案者Joseph Poon氏によって考案されました。ブロックチェーン本体と接続する別のブロックチェーンを作成し、処理をほかのチェーンに分担させることによって、ブロックチェーンの処理性能を向上させる技術です。

通常のスマートコントラクトのトランザクションも実行可能になる予定ですが、2019年2月現在では、まず送金部分に特化したPlasma実装が数多く提案され、研究が進められている段階です。ホワイトペーパーでは、プライベートブロックチェーン、マイクロペイメント、分散型取引所、ソーシャルネットワークを目的としたPlasmaブロックチェーンが例として挙げられています。Plasmaブロックチェーンは下図のように階層的にブロックチェーンを用意して処理を委譲していくことで、2段階目、3段階目の処理性能向上も行えます。

■ Plasmaブロックチェーン

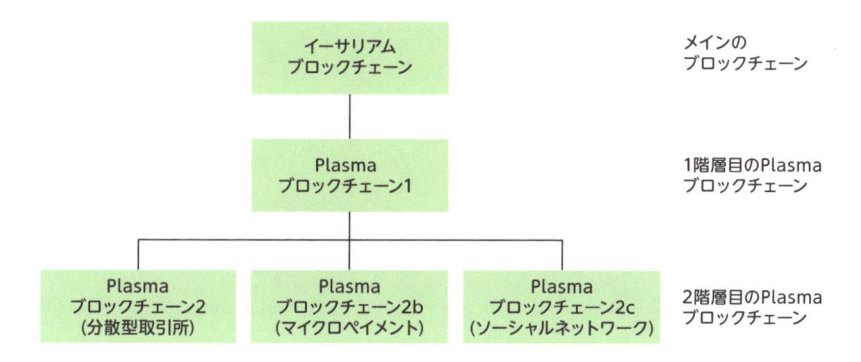

6

ブロックチェーンの技術的課題

まとめ

▷ **Raiden Networkはイーサリアムの取引の処理能力を向上させる技術**

▷ **Plasmaは、イーサリアムのスケーラビリティを向上させるサイドチェーン**

43 Casper と Sharding
〜その他のスケーラビリティ解決技術

イーサリアムでは、セカンドレイヤー以外にも、スケーラビリティ問題を解決する方法が提案されています。本節は、PoSの一種であるCasperとトランザクションを複数のグループで分担して処理するShardingについて学習しましょう。

● Casperとは

Casperは、イーサリアムにおいて将来的に実装が予定されているコンセンサス・アルゴリズムであり、PoSの一種です。Casperは2014年からヴィタリック・ブテリン氏やVlad Zamfir氏のブログで触れられており、電力やハードウェアに大きく依存しているPoWからの離脱は、イーサリアムのコア開発者の長年の悲願でもありました。

Casperの実装については当初、2種類の提案が行われていました。

・Casper FFG：PoW ／ PoSハイブリッド
・Casper V2：ピュアなPoS

以下で、これら2つの特徴を見ていきましょう。

● Casper FFG (Friendly Finality Gadget)

Casper FFGは、ヴィタリック・ブテリン氏により提案されたもので、マイナーがPoWでブロックを生成し、そのブロックをバリデーターがPoSで100ブロックごとに承認することでファイナリティをもたらす方式です。

チェックポイントでデポジットされた掛け金換算で、全体の3分の2の投票があるとそのブロックは正当化されますが、正当化したブロックまでが確定したチェーンとみなされるためには、さらに次のチェックポイントのブロックが正当化される必要があります。

■ Casper FFG

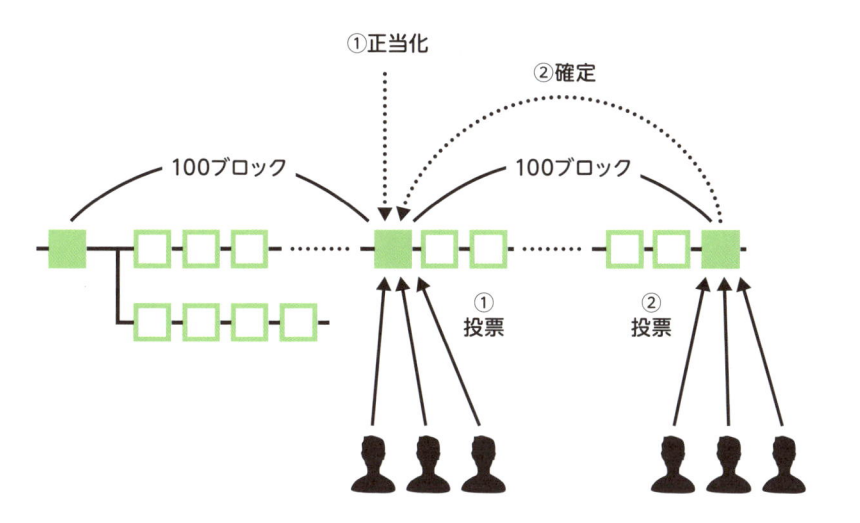

　また、バリデーターがデポジットした賭け金は4カ月間ほど引き出しが制限され、その間にバリデーターが違反した場合、賭け金は没収されてしまいます。この罰則を与える機能はSlasher（懲罰的アルゴリズム）と呼ばれ、ブロックチェーンのフォークを正しい方向に導きます。

○ Casper V2

　Casper V2とは、イーサリアムのゲーム理論の天才であるVlad Zamfir氏から発案されたものです。PoWとPoSのハイブリッドではなく、完全なPoSの実装を目指す方式です。

　Casper V2を利用すると、以下のようなメリットがあります。

1. 合意形成の安全証明が比較的簡単に行える
2. プロトコル内におけるファイナリティの限界値が存在しない

　当初、Casperは段階的に実装される予定で、まずはCasper FFGの実装が取り組まれていました。しかし、2018年6月以降、Casper FFGを破棄し、Casper V2に専念することが発表されました。

● Sharding（シャーディング）とは

Sharding は、データベースの負荷分散のために古くからある方法です。イーサリアムでは、データや処理を分割して処理する技術を指します。複数のノードから構成されるグループである「シャード（Shard:破片、一部分という意味）」が、トランザクションの検証を分担して行います。

■ Sharding のトランザクション処理

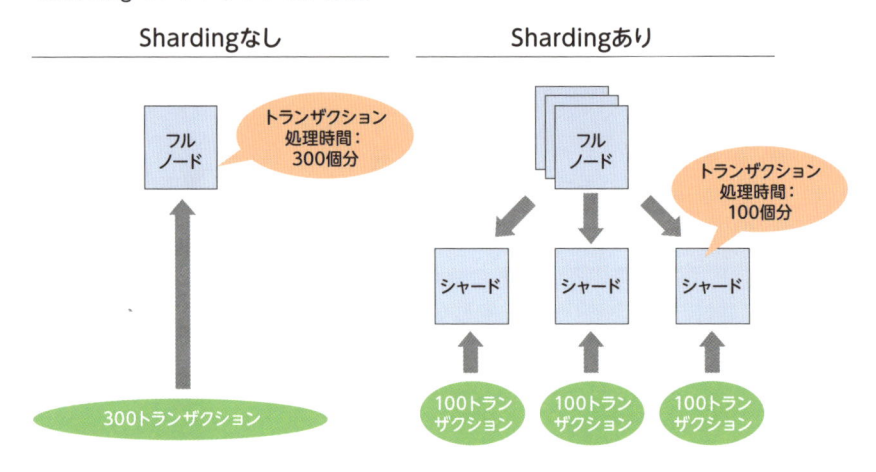

例えば、イーサリアムのシャード数を3とし、300個のトランザクションが発生したとすると、各シャードが300÷3＝100個のトランザクションをそれぞれ検証するだけで済みます。従来の仕組みでは、すべてのノードが300個のトランザクションを検証することになるため、単純計算で処理速度が1/3になります。このようにShardingにより、トランザクション処理速度を飛躍的に高めることができます。

● イーサリアムの開発ロードマップ

イーサリアムの開発フェーズには、

1. Frontier（フロンティア）
2. Homestead（ホームステッド）
3. Metropolis（メトロポリス）
   a. Byzantium（ビザンチウム）
   b. Constantinople（コンスタンティノープル）
4. Serenity（セレニティ）

の4段階があり、2019年8月の時点では、Metropolisの後半部分であるConstantinopleまでが完了しています。

● Frontier（フロンティア）

Frontierは、2015年に開発者に向けてリリースされました。PoS実装に向けた第一段階として、バグやエラーの洗い出しを目的とするベータ版のような位置づけでした。

● Homestead（ホームステッド）

Homesteadは、2016年3月に実施されたアップグレードです。Frontierを改良したもので、変更点は3つあります。まず、ディフィカルティ（採掘難易度）調整アルゴリズムの更新です。次にGasコストの引き上げが行われました。また、Gas不足の場合、エラーを出す機能も追加されました。

● Metropolis（メトロポリス）

Metropolisは、ByzantiumとConstantinopleからなるアップグレードです。

● Byzantium（ビザンチウム）

Byzantium は、2017年9月に実施されました。匿名性が向上し、マイニング報酬が変更（5ETH→3ETH）されました。

● Constantinople（コンスタンティノープル）

Constantinople は、2019年2月に実施されたアップグレードです。ブロックのハッシュ化の仕組みを修正し、ハッシュレートの安定化を目指します。そして、EVMの処理能力を向上させることでガスコスト削減を図ります。

また、マイニング報酬がさらに減額（3ETH→2ETH）されています。

● Istanbul(イスタンブール)

Istanbul は、2019年から2020年に実施予定のアップグレードです。Serenity に向けた最後のハードフォークで、内容は、EVM・デジタル署名の改善、Ethash に変わる新しいPoWアルゴリズム、ProgPowの採用です。この新しいPoWにより、ASICマイニングによる寡占が緩和され、一般的なコンピューターによるマイニングの促進が期待されます。

● Serenity（セレニティ）

Serenity は、アップグレードの最終段階です。実装時期は2019年8月時点では未定です。ここで、Casper と Sharding の実装を行う予定になっています。

アップグレード		時　期	主要なアップグレードの内容
Frontier（終了）		2015年7月	・開発者向けに開放され、実際にGethでコードを書くことが可能に ・使いやすさやエラーやバグの洗い出しが第一目的
Homestead（終了）		2016年3月	・署名検証ルールと、難易度調整アルゴリズムの更新 ・トランザクションに必要なGasコストの調整 ・Gas不足の場合、エラーが出るようになった（従来は、空コントラクトが生成されていた）
Metropolis（終了）	Byzantium	2017年9月	・匿名性の向上 ・マイニング報酬が5ETH→3ETHに変更
	Constantinople	2019年2月	・ブロックのハッシュ化の仕組みが修正される ・イーサリアム仮想マシン（EVM）の処理能力向上 ・マイニング報酬が3ETH→2ETHに変更
Istanbul		2019年〜2020年	・EVM／デジタル署名の改善 ・ProgPowの採用
Serenity		未定	・PoWから、PoSへの移行（Casper） ・ブロックを複数のグループに分割し、同時並行で承認していくアルゴリズムの導入（Sharding）

まとめ

▸ **Casperはイーサリアムで将来的に導入されるPoSの仕組みとして提案されている**

▸ **シャーディングは、取引を検証するための処理を分割して実行する技術**

▸ **イーサリアムは既定のロードマップに沿って、段階的に開発が行われている**

匿名性
〜取引履歴をすべて追跡できる問題

多くの仮想通貨は公開鍵を使用して仮名・匿名で取引が可能ですが、取引履歴はすべてのノードに公開されており、第三者がすべて追跡できます。そのため、場合によっては取引履歴から個人が特定されてしまうことがあります。

● ブロックチェーンの仮名性

　一般的に、ブロックチェーンの仮名性はアドレスとそのアドレスを使用する個人が切り離されているため成立しています。ブロックチェーンはデジタル署名を使用する際に**PKI**（Public Key Infrastructure の略称で公開鍵暗号基盤ともいう）が使用している認証局を持たないことから、アドレスと個人が切り離されています。

　一般的なPKIでは、利用者は自分の公開鍵と本人確認書類を認証局に提出します。認証局は内容に問題がないか確認してから、有効期限が記載された電子証明書をその秘密鍵で暗号化したうえで、申請者に発行しています。この認証局を利用するプロセスで、公開鍵と公開鍵を使用する個人が結びつけられることになります。

■ 一般的なPKI

| 自身の公開鍵 |
| 本人確認書類 |

認証局

①提出

②受理、証明書を作成

③発行

利用者

| 利用者の公開鍵 | 有効期限 |
| 利用者の個人情報 | 利用者の電子証明書 |

ブロックチェーンには認証局のような中央管理の仕組みはなく、本人確認を行うことができません。そのため、公開鍵と公開鍵を使用する個人が結びつかないのです。ただし、仮想通貨交換所で個人認証を行っている場合、個人とアドレスが紐づきます。

主なパブリックブロックチェーンは認証機能を持たずに仮名性を担保していますが、参加者を限定的にしているプライベートチェーンの中には認証機能を持ったブロックチェーンもあります。

● 追跡可能な取引履歴

主な仮想通貨では、個人の仮名性は担保されています。しかし、取引履歴はすべてネットワークに公開されており、場合によっては**取引履歴を追跡し個人を特定することが可能**になります。そのため、ブロックチェーンが完全に個人のプライバシーを保障しているとはいえません。取引履歴を公開するのはブロックチェーン上で行われた取引を検証するために必要なことでもあり、ネットワーク上の透明性とプライバシーはトレードオフの関係になっています。

ブロックチェーン上で公開されているトランザクションからわかることは、「いつ」「いくら」「どのアドレスからどのアドレスへ」送金されたかです。ある特定のアドレスが関わっている取引を追跡し続ければ、送金額や送金頻度、どのアドレスと取引が多いかを把握することができます。仮にそのアドレスが、小売店での仮想通貨決済に使われた場合、購入者個人と紐づくことになり匿名性が担保されない可能性があります。

実際に、ブロックチェーン上で発生した怪しいトランザクションを検知するアプリケーションや、ブロックチェーン内のトランザクションを検索できるブロックエクスプローラーなどがあります。そのため、プライバシーに関わるような取引やビジネス上隠しておくべき取引をブロックチェーンで、その中でも特にパブリックチェーンで行うことにはリスクがあります。

ゼロ知識証明

　一部の仮想通貨ではブロックチェーンのプライバシー保護の現状を問題視して、匿名性の実装や強化を図っています。ここでは、トランザクションの秘匿性強化の一手段として使用される**ゼロ知識証明**について紹介します。

　ゼロ知識証明とは、「第三者に対してＡの内容を明かすことなく、Ａが正しい情報であることを証明する」アルゴリズムのことです。ブロックチェーン上で使用する場合、ゼロ知識証明はトランザクション発行者とマイナー間で実施され、マイナーにトランザクションについて何も明かさなくてもそのトランザクションが正当であることを証明することができます。逆にマイナーはトランザクションの中身を知らずとも、そのトランザクションが正当であることが検証できます。

ゼロ知識証明を利用したzk-SNARKs

　zk-SNARK は "Zero Knowledge – Succinct Non-interactive ARgument of Knowledge" の略称で、イーサリアムや仮想通貨ZCashなどが取り入れているシステムです。ゼロ知識証明は本来情報の正当性の証明に労力がかかるアルゴリズムで、情報の所有者と情報の承認者の二者間で複数のやり取りを行って承認者がその正当性を確認するというものです。しかし、これではブロックチェーンに適用できません。そこでzk-SNARKが生み出されました。zk-SNARKは正式名称からわかるように、簡潔に対話式ではない形でゼロ知識証明を行うことができます。

　仮想通貨Zcashのアドレスは、送金額・受領額を隠すことができる匿名アドレスと、送金額・入金額がオープンに公開される一般アドレスの2種類があります。一般アドレスは、ビットコインと同じように取引内容が公開されますが、匿名アドレスが関係する送金においては、送金額も受領額も一切公開されません。あくまで、ゼロ知識証明のアルゴリズムを用いて、それが正しい取引であることだけが証明されます。実際に生成されるブロックは、これらのアドレス間の送金がミックスされたものとなります。

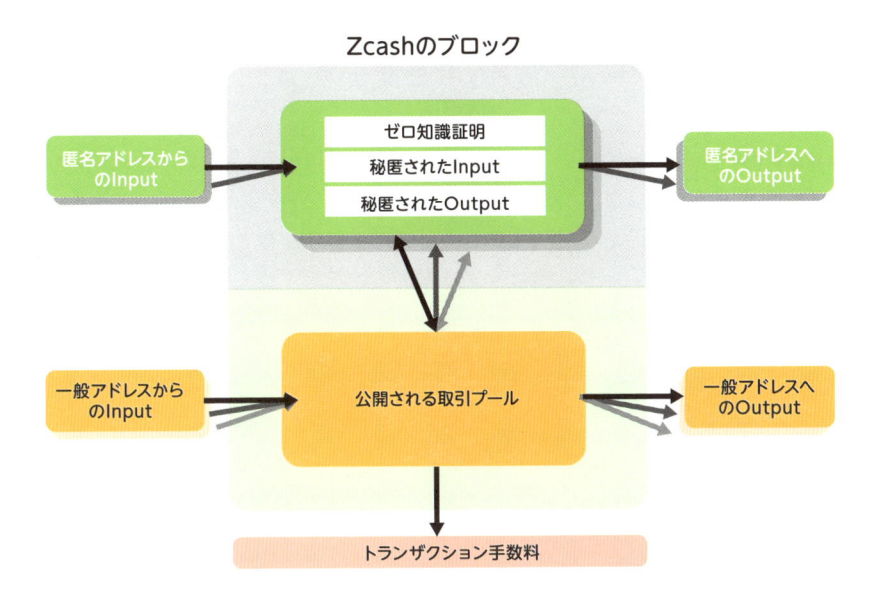

ブロックチェーンの匿名性を高める手段としてゼロ知識証明のほかにも、コインのミキシングサービスやリング署名やシュノア署名などがあります。特にZcash以外に有名な仮想通貨Moneroでは、リング署名を利用することで匿名性を担保しています。

まとめ

▶ **パブリックチェーンの取引は匿名で行われる一方、取引履歴は閲覧・追跡が可能**

▶ **仮想通貨の取引の履歴を追跡して、取引した個人を特定可能な場合がある**

▶ **ゼロ知識証明を利用して、取引における匿名性を強化できる**

45 51% 攻撃
～計算能力の過半を支配することによる弊害

PoWは多数のマイナーの計算によって分散的に支えられています。しかし一部のマイナーがネットワークの過半数を超過するハッシュパワーを得てしまうと、そのマイナーはブロックチェーンを攻撃できてしまうため、ブロックチェーンのセキュリティが失われてしまいます。

● 仕組みの概要

51%攻撃とは悪意のあるグループまたは個人が、ネットワーク全体のハッシュパワーの過半数より上か、それに準ずるような大きな割合を支配し、攻撃を行うことです。1つのグループが全体の計算能力の過半数超を支配すると、以下のようなことが可能になります。

・トランザクションの恣意的な取り込み
・正当な取引の恣意的な拒否
・マイニングの独占

51%のハッシュパワーを持つことで実現される攻撃の方法を、それぞれ見ていきましょう。

● トランザクションの恣意的な取り込み

事例を通じて、51%攻撃における**トランザクションの恣意的な取り込み**の仕組みを理解しましょう。以下は、ビットコインを送った後にそれを取り消し、商品を無料でもらう攻撃の例です。

アリスとマロニーが共謀してECサイトを持つボブをだましてデジタルコンテンツを入手することを考えます。マロニーは、ビットコインネットワークの過半数のマイニングパワーを持っているとします。アリスはまず、ボブが運営するECサイトでデジタルコンテンツをビットコインで購入します。その際、

アリスは代金として自分の所有するビットコインにデジタル署名をして、ボブのビットコインアドレス宛てのトランザクションを作って、送金します。

　通常ビットコインのトランザクションは次のブロックに組み込まれるのに、早くても10分はかかります。しかし小売店のレジでお客さんを10分も待たせておくわけにはいきません。そこで小売店は、トランザクションが1つのブロックにも組み込まれない段階で商品を引き渡す承認手続き「0-confirmation（ゼロコンファメーション：一度も確定していないという意味）」を行うことがあります。

　ボブも同様に商機を逃したくないので、アリスへコンテンツへのアクセスを「0-confirmation」ですぐ許可したとしましょう。アリスがアクセスを得てから、今度はボブへの支払いに使ったのと同じビットコインを用いて、別のトランザクションを自分宛てに作成して、ネットワークに投げます。次に共謀するマロニーが自身のハッシュパワーを使って、アリスの所有するビットコインを元手とする2つのトランザクションのうち、自分宛てのものをブロックに組み込み、ボブ宛てを無視してしまいます。

　これで、ボブにはビットコインが届かないにも関わらず、アリスはデジタルコンテンツへのアクセスを得ることができました。

■ 不正な取引の正当化

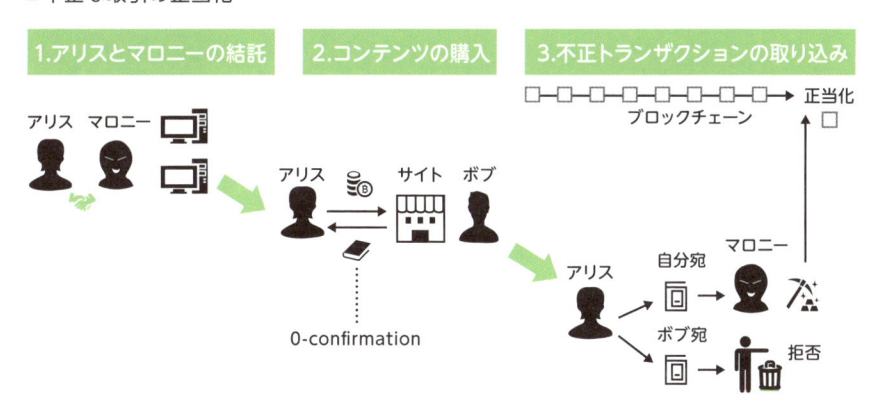

● 恣意的な正当な取引の拒否

　マイナーは51%以上のハッシュパワーを持っていると、「正当な取引」を拒否することができます。通常トランザクションがネットワークに送信されると個々のノードによって伝播され、ネットワーク全体で共有されます。しかしネットワークの過半数超を握るマイナーは正当に作成したトランザクションを受け取っても、自分のトランザクションプールに入れず、また隣接するノードにそのトランザクションを送信しないことができてしまいます。

　するとそのトランザクションは誰もブロックに組み込めず、ずっとブロックチェーンに記録されないままになります。これが仮に企業によるものだったら、競合企業の取引だけを意図的に排除してネットワークを使わせないという妨害が可能になります。

■ 正当な取引の拒否

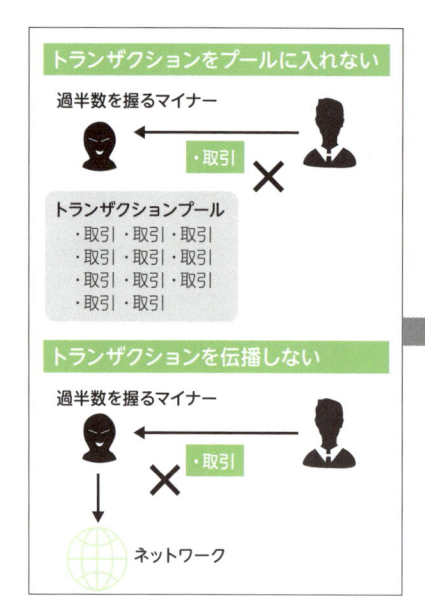
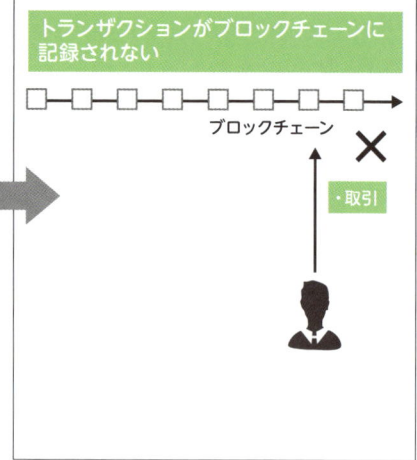

🟢 採掘の独占

　マイナーがネットワークのハッシュパワーの過半数超を持っている場合、必然的に高い確率で新しいブロックを発掘できます。それに加えてほかのマイナーが発掘した新しいブロックを受信しても無視すること（正当なブロックの拒否）ができます。ネットワークのマイニングの過半数超を持つ攻撃者が新しいブロックを伝播してくれないと、必然的にほかのマイナーが生成したブロックはネットワーク内で承認されにくくなります。

　するとそのブロックは延長されないため、ほかのマイナーに報酬が渡りづらくなります。結果として自分のブロックだけを延長しやすくなり、**採掘の独占**ができてしまうのです。

■ 採掘の独占

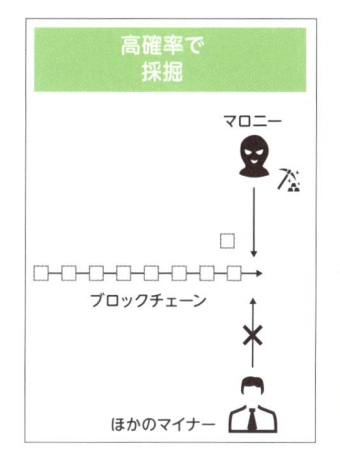 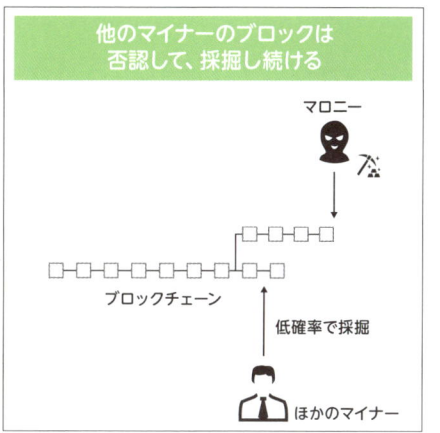

🟢 51%攻撃の発生頻度

　計算能力を持つマイナーが51%攻撃をすると、その通貨の安全性が低いことが嫌気され、その通貨の市場価値が下がることが考えられます。結果として、その通貨を保有している自分自身が損害を受ける可能性があります。攻撃者は、そのような不正を行うより通常のPoWをするほうが経済的にプラスになるため、51%攻撃は頻繁には発生しません。

● 通貨ごとの安全性

　一般的に価値が高い通貨ほど、マイニングで得られる通貨の価値も高いため、計算能力が集まりハッシュレートが高くなる傾向があります。そのためビットコインは特に51%攻撃のハードルが高く、攻撃は起こりにくくなっています。

　逆に通貨の価値が低く、マイニングのハードルの低い通貨の場合、ビットコインのようなハッシュレートの大きな通貨を支えるマイナーが、一時的にそこに参入した場合、簡単に過半数のハッシュパワーを獲得できてしまうため、相対的に攻撃がしやすくなります。

● 攻撃への対策

　PoWでは、ブロックが承認されてから時間がたてばたつほど、攻撃が難しくなります。それはそのブロックに続くブロックの数が増えて、そのブロックを攻撃するのに必要なハッシュパワーが膨大になるからです。例えば、仮想通貨取引所は、顧客の口座に仮想通貨が入金されたときに、トランザクション後の一定回数のブロック生成を待ってから口座に反映させることで、安全性を高めています。ビットコインでは、一般的に6回以上のブロックが承認（6-confirmation）されるまで待つことが推奨されています。

> ### まとめ
>
> ▶ **PoWでハッシュパワーの51%以上をもって攻撃することを、51%攻撃と呼ぶ**
>
> ▶ **ハッシュレートが小さいブロックチェーンのほうが攻撃されやすい**
>
> ▶ **51%攻撃より普通にPoWを行うほうがメリットが大きいため、頻繁には発生しない**

46 シビルアタック
～多数決による合意の危険性

シビルアタックとは、ブロックチェーンにおける攻撃の1つであり、「攻撃者がたくさんのID（ユーザー）を作り、攻撃すること」です。次節で説明するBlock Withholding Attackとともに押さえておきましょう。

◎ 概要

シビルアタックでは、悪意ある参加者が複数アカウントを操作することでコミュニティを攻撃します。具体的にはIPアドレスやバーチャルマシンを複数生成することで、ネットワーク上に複数のノードを作成します。P2Pネットワーク上のシステムがノードとユーザーの対応を保証できないことに起因しており、ブロックチェーンにおいても発生し得る問題です。

■ シビルアタック

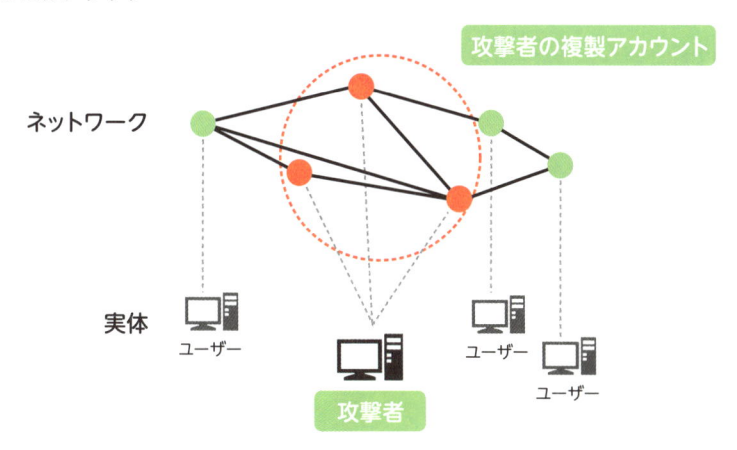

・ネットワーク上で攻撃者が複数ノードを持つことでシステムを操作
→システムがノードと本人の対応を保証できないことで発生

⬤ シビルアタックと併用される攻撃手法

　シビルアタックの目的は、複数のアカウントを持ち、大きな影響力を得ることです。シビルアタック単体では、大きな脅威になりえませんが、それに伴う攻撃が2つ存在します。

⬤ エクリプスアタック

　エクリプスアタックは、P2Pネットワークの分断攻撃です。分断されたネットワーク間の情報共有を断絶することで、ブロックチェーンを分断させるというものです。

　この分断により攻撃者は、

- ・コミュニティ分断による相対的に大きなハッシュパワーの獲得
- ・二重支払い
- ・偽のトランザクションによる仮想通貨の詐取

　などが可能になります。シビルアタックにより、悪意あるノードがネットワーク内で増えることで、攻撃の成功確率が高まります。

■ 攻撃対象ノードへの通信を独占して情報を操作

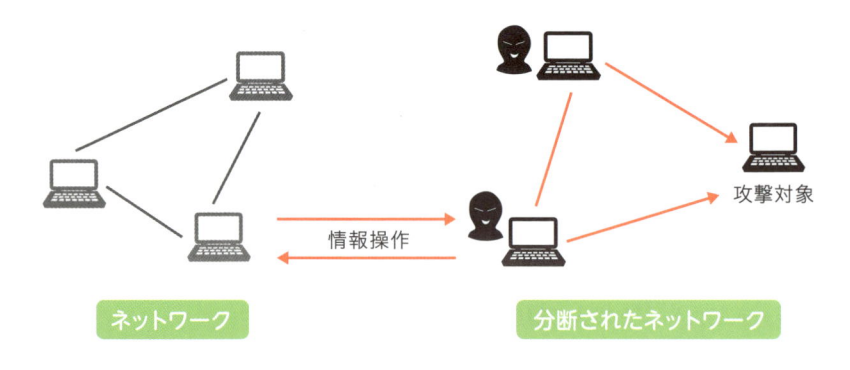

● Block Withholding Attack

マイニングを利用した攻撃手法です。詳細は次節で説明します。

● ビットコインマイニングへのシビルアタック

シビル攻撃はネットワークにおいて操作できるアカウントを複製するだけなので、マイニングに関しては大きな影響はありません。マイニングはマイナーの数ではなく、費やす計算能力が問題となるからです。計算能力がなければ多数のアカウントを投入しても、マイニングに影響を及ぼすことはできません。

● DApps でのシビルアタック対策

DApps においても、投票システムなどでシビルアタックへの対策を行う必要があります。イーサリアムでは、シビルアタックへの対策として **Anti-Sybil トークン**が開発されています。

Anti-Sybil トークンシステムでは、アカウントの登録と有効化にそれぞれデポジットが必要になり、デポジットの証明手形として Anti-Sybil トークンが配布されます。攻撃によって得られる報酬よりもデポジットを失うコストが高くなることで、攻撃を防ぎます。

✏ まとめ

- ▸ 多数のアカウントを利用して合意形成に影響を与えることをシビルアタックと呼ぶ
- ▸ シビルアタックはほかの攻撃手法と併用されることで、大きな脅威になり得る

47 Block Withholding Attack
～最長チェーンを隠して不正取引をもくろむ

Block Withholding Attack は、PoW のブロックチェーンにおける主要な攻撃方法の1
つで、隠し持っていたマイニング済みの最長チェーンをネットワークに公開し、仮
想通貨取引所などに二重支払い攻撃を行う手法です。

● Block Withholding Attack とは

　Block Withholding Attack は、ブロックを生成してもブロードキャストせずに
自身でマイニングし続け、ほかのマイナーがマイニングしている**別のチェーン
よりも長くなった時点で公開し、これまでの取引履歴を丸々置き換えてしまう
攻撃手法**です。PoW のブロックチェーンでは、もっとも長いチェーンが正当な
チェーンとみなされるため、最後に攻撃者が公開したブロックチェーンが正当
なチェーンとみなされ、置き換えられてしまうのです。

■ Block Withholding Attack の流れ

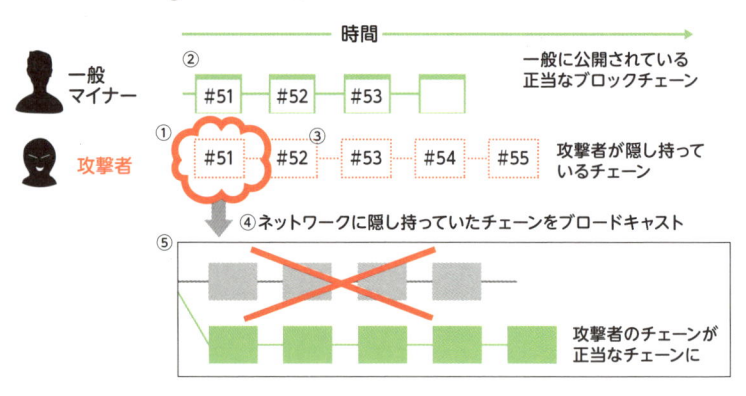

1. 攻撃者はネットワーク上で先駆けてマイニングに成功し、ブロックを生成
　する（図では51番のブロックが該当）。そして、51番のブロックをネット
　ワークにブロードキャストせず隠し持つ

2. 一般マイナーは攻撃者が先駆けて51番のブロック生成に成功したことを

知らないため、攻撃者に遅れて51番のブロックのマイニングを行う

3. 攻撃者は一般マイナーが51番のブロック生成に取り組んでいる間に52番のブロック生成に取り組む。1〜3を52番以降も繰り返し、チェーンを作成する

4. 攻撃者は、あとから取り消すつもりのトランザクションをネットワークにブロードキャストし、そのトランザクションが一般に公開されている正当なブロックチェーンに取り込まれたあと、隠し持っているチェーンをブロードキャストする

5. ブロックチェーンの性質上、長いチェーンが正当とみなされるため攻撃者チェーンが正当とみなされ、目的のトランザクションが取り消され、攻撃が成功する

51%以上の計算能力を持っていればチェーンを攻撃できてしまいますが、**確率論的には3〜4割程度の計算能力でも、Block Withholding Attackが可能**だと考えられます。

◉ モナコインに対するBlock Withholding Attack

2018年5月中旬に、モナコインがBlock Withholding Attackを受けました。モナコインはビットコインやイーサリアムと比べハッシュレートが低く、いくつかの取引所ではモナコインの承認数がビットコインなどと比べて少ない状態だったため、それらの取引所がBlock Withholding Attackの標的になりました。

攻撃者は標的の取引所に対してモナコインを送金し、取引所が当該トランザクションを承認したあと、攻撃者はそのモナコインを別の通貨に換えて自分のウォレットに送金します。その後攻撃者が隠し持っていたチェーンをブロードキャストすると、攻撃者のチェーンが正当なチェーンとみなされます。その結果、最初の取引所へのモナコインの送金がなかったことになって自分のウォレットに戻り、取引所から出金された別の通貨は消えずにまた攻撃者の手元に残ってしまうのです。

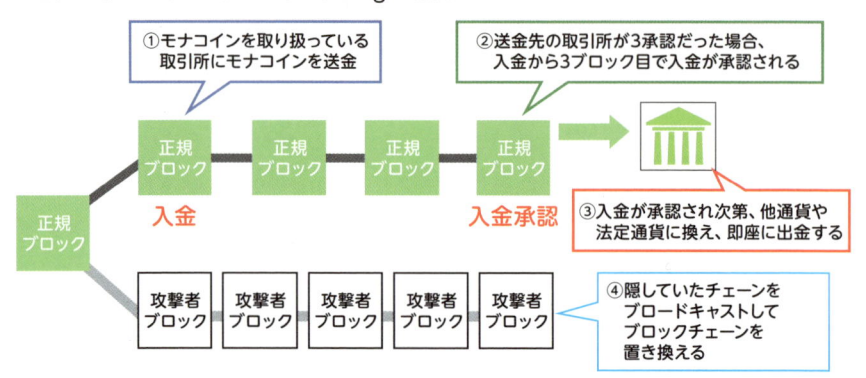

■ モナコインへのBlock Withholding Attack

1. 攻撃者がモナコインを取引所に送金する
2. 取引所が取引確定に3承認を要する場合、モナコインを送金したブロックから3ブロック目で入金が承認される
3. 攻撃者は取引所に入金されたら、ほかの仮想通貨などに換えて出金する
4. 攻撃者は隠していたチェーンをブロードキャストし、入金のトランザクションが含まれたブロックチェーンを置き換える。そのチェーンには最初の「取引所へのモナコインの送金」のトランザクションは含まれていない

　上記のプロセスにより、最初の取引所への送金がなかったことになるために、手元には元のモナコインと、取引所から出金した別の通貨の両方が残ります。これにより、**モナコインを消費せずに別の通貨を入手することができてしまう**のです。

まとめ

▶ 隠し持った最長チェーンを公開して取引を覆す手法がBlock Withholding Attack

▶ 過去にはモナコインに対してこの攻撃が仕掛けられ、被害が発生した

48 Nothing at Stake
～「何も賭けていない」ことによる問題

Nothing at Stakeとは、直訳で「何も賭けてない」を意味しますが、PoSにおいては指摘されている課題の1つである「リスクを冒さず、同時に複数のフォーク上でブロックを生成できてしまうこと」を指します。

⊙ 概要

　シンプルなPoS（ナイーブPoSと呼ばれる）では、コインの保有量に応じてブロックを生成できる権利が得られるため、PoWほどのコストを必要とせず、すべてのフォークに新規ブロックを生成することができます。メインチェーンにならないと思われるフォークに対してブロックを生成することのリスクが乏しいため、コストを払わず（＝何も賭けていない、Nothing at Stake）に**すべてのフォークの新規ブロックを生成することが理にかなってしまう**のです。

■ Nothing at Stakeの仕組み

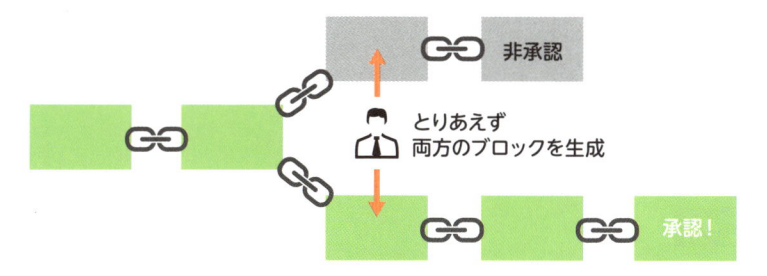

⊙ Nothing at Stakeへの対策

　イーサリアムでは、Nothing at Stakeの問題を解決するために、独自PoSのCasper（FFG）と、そこに実装する懲罰的アルゴリズムSlasherを考案しました。Slasherは、**間違ったブロックに投票した場合にデポジットを没収する**仕組みになっており、バリデータが正しいと思う1つのフォークのみを承認する経済的インセンティブとして機能します。

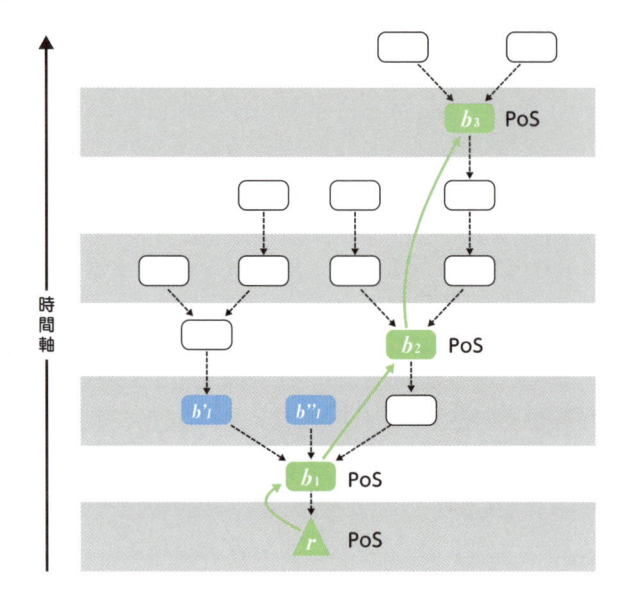

ブロック間の点線の矢印は、始点のブロックが矢印の先のブロックを参照していることを意味しています。PoS (FFG) はこの各チェックポイント（色が塗られたブロックで、*r*や*b*）で行われます。チェックポイント間のブロック（空白）では、PoWが行われます。チェックポイントで *b'ᵢ* や *b"ᵢ*（間違ったブロック）を含んだチェーンを選んでしまうと、デポジットが没収されてしまいます。

✏️ まとめ

- ▶ **シンプルなPoSの仕組みでは、コストをかけず複数のチェーンでブロックを生成できる**
- ▶ **もっとも長いチェーンを伸ばすインセンティブがなく、いくつかの問題が発生する**
- ▶ **懲罰的アルゴリズムであるSlasherを実装する解決策が模索されている**

7章

ブロックチェーンの最新動向

この最終章では、ブロックチェーンの最新動向を紹介していきます。ブロックチェーンの活用は世界中で盛んに行われており、日々新技術が発表されています。エンジニア・ビジネスマンを問わず、業界内で注目されている主要な技術を理解しておきましょう。

49 クロスチェーン
～相互運用性を実現する最新技術

現在、各ブロックチェーンは別々のネットワークで稼働しています。第三者を信用せず相互に通貨を送り合ったりすることはあまりされておらず、相互運用性がありません。現在ブロックチェーンで相互運用性を実現する仕組みとして、クロスチェーンが注目されています。

● 相互運用性（Interoperability）の概要

　複数のブロックチェーンネットワークが相互に接続して、情報や価値（仮想通貨）を送り合うことを**相互運用性（Interoperability）**といいます。十分に相互運用性がある状態では、ユーザーがあるブロックチェーン上から、ほかのブロックチェーン上のアカウントに向けて情報や仮想通貨を自由に送信することができます。

　このようなシステムを構築するために乗り越えなければならない課題として、各ブロックチェーンは異なる設計・仕様・言語を使っている、という点があります。つまり、スマートコントラクト機能、トランザクションスキーム、合意モデルがそれぞれ異なるのです。

　この課題を解決するには、普遍的なデータ通信をチェーン間で行う、現在のインターネットに近いオープンなプロトコルが必要になります。この問題のソリューションとして、**クロスチェーン**が注目されています。

● クロスチェーンの概要

　クロスチェーンとは、クロスブロックチェーン（Cross Blockchain）の略称です。異なるブロックチェーン間で仮想通貨・データ・ステート（状態）のやり取りを行えるプラットフォームを提供することで、本質的に全体が1つのシステムとして機能することができます。これを「Internet of Blockchains」と呼ぶこともあります。複数のブロックチェーンが普及した社会において、活用が期待されています。

● クロスチェーンの実装例：アトミックスワップ

クロスチェーン上で、トラストレスに異なるチェーン上の仮想通貨を交換することを**アトミックスワップ**といいます。アトミックスワップのメリットは、従来から存在する仮想通貨取引所と違い、**第三者を介さずに異なる仮想通貨を交換できること**です。ユーザーは、従来の取引所に存在した単一障害点、人為的なミス、内部犯行による資金流失を避けることができます。

以下では、その流れを簡単に説明します。

● アトミックスワップの流れ

例えばアリスはBTC（ビットコイン）、ボブはLTC（ライトコイン）を保有していて、それぞれ同等の価値をアトミックスワップで交換したいとします。

■ アトミックスワップの流れ

1. アリスとボブは交換用のマルチシグアドレス1・2を発行します。

2. アリスは秘密鍵1と乱数Rを発行し、ボブは秘密鍵2を発行します。乱数Rをボブはこの時点では知りません。

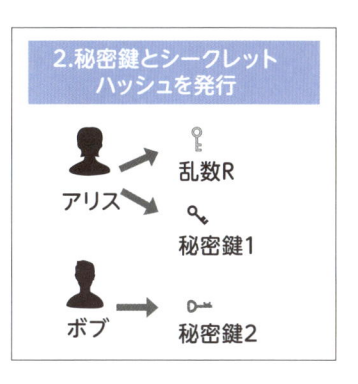

3. アリスはマルチシグア
ドレス1にBTC（ビッ
トコイン）を預け、ボ
ブはマルチシグアドレ
ス2にLTC（ライトコ
イン）を預けます。マ
ルチシグアドレスを利
用するには、それぞれ
の秘密鍵の署名と乱数
Rが必要になります。

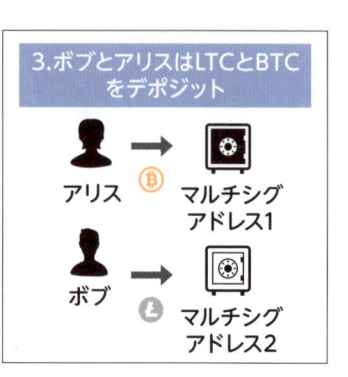

4. アリスとボブはそれぞ
れ秘密鍵を交換しま
す。

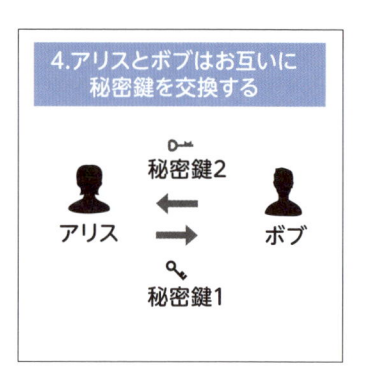

5. アリスはボブの秘密鍵
2を用いて、マルチシ
グアドレス2に署名し、
乱数Rを用いてBTCを
引き出します。

6.5.のトランザクションはオンチェーンのため、ボブはアリスが持つ乱数Rを把握することができ、同様にしてLTCを引き出します。

● Polkadotの事例

Polkadotは、もっとも注目されているクロスチェーンの1つです。以下の3つのブロックチェーンから構成されています。

・Relay chain

それぞれ独立したPolkadot仕様のブロックチェーン同士をつないで、データやトークンを中継する役割を担います。ネットワーク全体の合意をPoSで形成し、仮想通貨「DOT」が報酬に用いられます。

・Parachains

Relay chain上にある個々のブロックチェーンです。Polkadotネットワーク内で並列にブロックを生成します。処理能力の向上やサービスの拡張性につながると考えられています。

・Bridgechain

ビットコインやイーサリアムのようなPolkadotの仕様ではないブロックチェーンをRelay chainにつなぐために使用されます。

現在はまだ開発中で、2019年7月からブロックが生成される予定です。

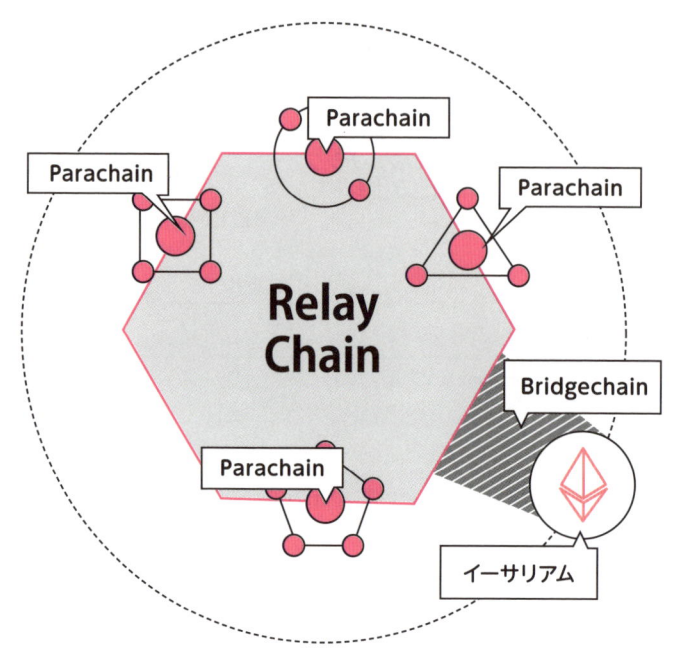

参考：Polkadot公式Medium

● Cosmosの事例

Cosmosでは、Inter Blockchain Communication（IBC）という相互通信の技術を用いて、複数のブロックチェーンがCosmosネットワークに参加する巨大なエコシステムの形成を目指しています。ネットワーク内には2種類のブロックチェーン、COSMOS HUBとZONEが存在します。ハブのブロックチェーンを中心にして複数のゾーンのブロックチェーンが接続します。ゾーン同士は互いに接続されていなくても、ハブと接続していれば任意のゾーンとデータの送受信を行うことができます。将来的には、さまざまなハブが構築され、それぞれのハブがゾーンを持つことでより多様なネットワークが形成されることが予想されます。これがCosmosの由来でもあります。

■ ハブを経由してデータを送受信するCosmosネットワーク

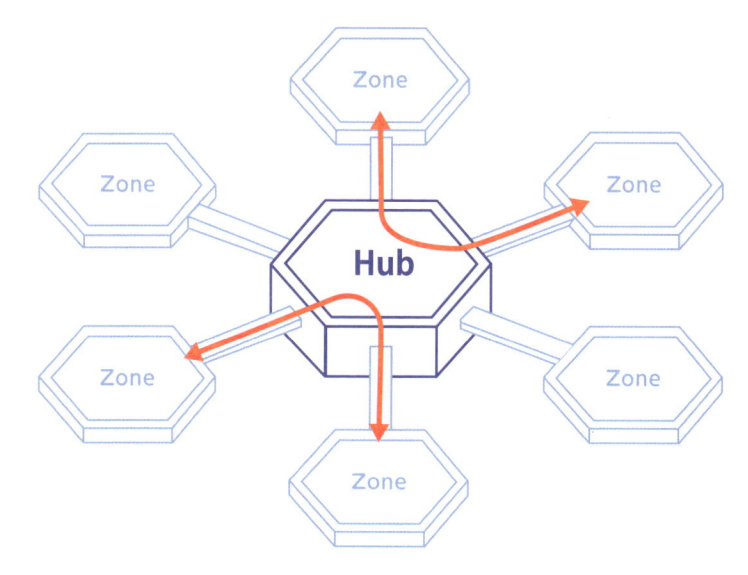

参考：Cosmos公式Webサイト

まとめ

- ▶ **クロスチェーンは複数のチェーンを接続し、相互運用性を実現する**
- ▶ **相互運用性により、複数のブロックチェーン間で情報やコインを相互利用できる**
- ▶ **PolkadotやCosmosといったプロジェクトが注目を集めている**

50 ブロックチェーンゲーム
～ゲーム分野へのブロックチェーン応用

ブロックチェーンのゲームへの応用・開発が進んでいます。ここでは、ブロックチェーンを使ったゲームの特徴と、実例としての「CryptoKitties」、ブロックチェーンゲームの問題点について考えていきます。

● ブロックチェーンゲームの特徴

まず、ブロックチェーンゲームの特徴を紹介します。

・ゲーム資産の流動性

　ゲームアイテムやキャラクターなどの資産をブロックチェーン上で発行・流通させることができます。従来のゲーム資産と違い、ゲーム外で流通するため、流動性が向上します。また資産交換の専用市場を通じて、ゲーム資産をユーザー間で交換、売買することが可能です。アセットの規格（ERC721など）があるため、規格に準拠すると市場を独自に用意しなくても、すでに存在する、**アイテム専用の非中央集権型の市場でトラストレスにアイテム売買が可能**となります。

・ゲーム資産の永続性

　ゲームアイテムやキャラクターなどはパブリックチェーンに保存できます。これらのゲーム資産はデータとして管理され、秘密鍵の保持者であるプレイヤー本人に帰属することになります。もしゲームのサービスが急に停止したとしても、ブロックチェーンが継続する限り、ゲーム資産は消滅することはありません。

・データの真正性

　ブロックチェーンネットワーク内では、ゲーム資産は二重支払いやトランザクションの改ざんから守られます。ゲームのデータ改ざんという不正行為ができないので、**プレイヤーの資産が中央サーバーへの攻撃などにより損なわれることはありません。**

・プログラムの透明化と自動執行

スマートコントラクトを用いてゲームアセットの売買、ゲームのルール、キャラクターやアイテムの最大数などをプログラム化することで、透明性が向上し、強制執行を行えます。ゲームの内容はほかの者による恣意的な変更を受けつけません。

・ゲーム資産の共同利用

現時点ではあまり実用化されていませんが、ブロックチェーンというパブリックな場所にゲームデータが存在するため、複数のゲームで同じアイテムを利用したり、データを拡張したりすることも、技術的には可能です。

■ ブロックチェーンゲームと従来のゲームの比較

ブロックチェーンゲーム	従来のゲーム
非中央集権（ブロックチェーン上で管理）	中央集権（運営が管理）
ゲーム内資産が換金可能	ゲーム内資産は換金不可
ゲームがなくなっても資産は残る	ゲームがなくなると資産もなくなる
プレイヤーでないユーザー（投資家など）とゲーム資産の交換が可能	プレイヤーでないユーザーとはゲーム資産の交換が不可

● NFT (Non-fungible Token)

ブロックチェーン上で発行できるトークンには、大きく分けて「Fungible Token」と「Non-fungible Token」（NFT）という2つの種類があります。「fungible」とは代替可能という意味です。例えばAliceの持つ1BTCと、Bobの持つ1BTCは価値が同じで、交換しても問題ありません（代替可能）。このビットコインのような、ブロックチェーン上で発行される通貨として使えるトークンは、一般的に「Fungible Token」です。他方で、ゲーム内の希少性の高いアイテムやキャラクターは、1つ1つの価値が異なり、決して1単位同士で交換することはできません。例えば、Aliceの持つゲームキャラクターと、Bobの持つゲームキャラクターは、同じキャラクターでもパラメータが異なっており、同じ価値を持ちません。つまり「Non-fungible Token」とは、1つ1つがユニーク（唯一）であ

るトークンといえます。ブロックチェーンゲームでは、1つ1つ異なったゲーム資産・キャラクターを、この「Non-fungible Token」を使ってブロックチェーン上で記録・移転していきます。

■ Non-fungible Token と Fungible Token

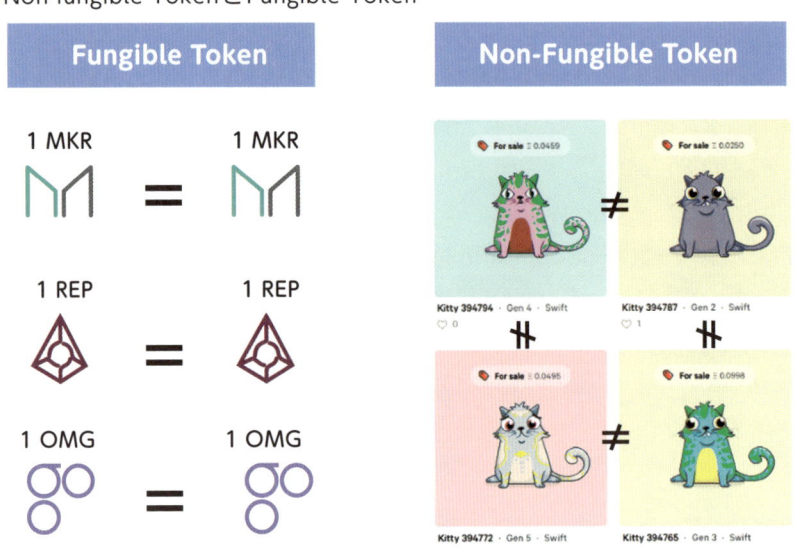

参考：CryptoKitties公式Webサイト

○ ERC721

ERC721（Ethereum Request for Comments）は、イーサリアムブロックチェーンにおいて、NFTを発行するためのトークン規格の1つです。基本的な機能はERC20と一緒ですが、異なる点として、トークンを数量指定するのではなく、IDで1つのトークンを指定して記録・譲渡するようになっています。また1つ1つのToken IDに、メタデータ（そのトークン特有の属性情報）として名前・説明・画像などのデータを紐づけることができます。メタデータのデータ容量が大きい場合、ブロックチェーンに直接保存せず、オフチェーンで保存した先のURLを保存することもあります。なお、次で紹介するCryptoKittiesでは、取引可能な猫の規格にERC721が採用されています。

● CryptoKitties

　ブロックチェーンゲームの火つけ役となった「CryptoKitties」は、イーサリアム ブロックチェーン上で動く、猫の育成ゲームです。プレイヤーは猫を購入して交配させ、ミニゲームなどを楽しみながら、好みの猫を育てることができます。

　猫の外見や能力は1つ1つ違うので、1匹1匹の猫とその情報は、イーサリアムのERC721によってブロックチェーンに記録されています。猫の情報の部分がその猫のメタデータになります。その猫の「遺伝」の部分がその猫の「Token ID」に紐づきます。

　交配で生まれた子猫は親の遺伝を受けつぐため、その特徴は親同士のデータの一部とランダムな要素で決まります。そのため、希少性の高い猫を生み出すには、地道に交配を繰り返すか、その特徴を持つ猫を購入するかのいずれかになります。プレイヤーが所有する猫はそれぞれに市場価格がつき、希少な特徴を持つ猫には高い価格がつきます。過去には1匹の猫に最高で約1500万円の値がつきました。所有する猫を交配のために貸し出して、手数料を得ることができ、猫の育成がビジネスモデルとして成り立つこともありえます。

● 現状のブロックチェーンゲームの課題

　ブロックチェーンゲームを開始するにあたって、プレイヤーは仮想通貨を持っていなければならない場合があり敷居が高いとされます。プレイするためには、取引所のアカウント作成の本人確認に数日を要し、その後仮想通貨を購入し、仮想通貨のウォレットに送金してようやくゲームを開始できます。普段仮想通貨を利用していないユーザーには、**仮想通貨購入からウォレット利用までの一連の内容はハードルが高く、まだ敷居が高いといえるでしょう**。また、日本においてブロックチェーンゲームを運営する場合、以下のような課題も存在します。

法的課題
- ・サービスの設計次第で仮想通貨交換業の取得が必要
- ・ガチャの仕組みを組み込む場合、賭博法に抵触する恐れ
- ・マネーロンダリングへの対応

技術的課題

・処理能力の低さ（スケーラビリティ問題）
・（イーサリアムの場合）ブロックチェーンに書き込むたびに手数料がかかること
・秘密鍵の管理などユーザーに仮想通貨の基礎知識が必要

まとめ

▶ ブロックチェーンを活用したゲームの開発が盛んに行われている

▶ ゲームがサービス終了しても資産が残り、複数ゲームでの共同利用なども可能

51 ステーブルコイン
～価格を安定させ、利便性を高めた通貨

ビットコインを始めとした仮想通貨は、価格の変動が激しいため、日常生活における決済などの特定の用途には向かないとされています。そこで、価値を安定させた仮想通貨（ステーブルコイン）が開発されました。

● ステーブルコインとは

　ステーブルコインとは、価格が安定的（stable）な仮想通貨のことです。従来の仮想通貨は価格の変動率（ボラティリティ）が円やドルといった法定通貨に比べて極めて大きく、利用用途が限られてしまうというデメリットがあります。例えば、ビットコインを日々の決済に利用した場合、買い手が時価で支払いを行ったとしても、売り手側で1日後に10%価値が下がってしまうのでは、決済通貨として機能しません。そこで価格が法定通貨などに連動（peg）するステーブルコインが開発されました。

● 法定通貨担保型（オフチェーン型）

　もっとも主要なステーブルコインが**法定通貨担保型**です。これは、銀行・信託会社に保管される法定通貨を担保として、ブロックチェーン上でステーブルコインを発行します。ユーザーは、発行したいステーブルコインと同額の法定通貨を発行会社に預けますが、これは準備金として銀行・信託会社に保管されます。ユーザーはコインを返却することで、いつでもその資金を引き出すことができます。供給するステーブルコインと同額の資金が保管されており、いつでも交換できることを発行企業が約束しているため、価格が安定します。この方法は、担保がブロックチェーンの外で保管されているため、**オフチェーン型**とも呼ばれます。

　法定通貨担保型のステーブルコインを発行する会社は、定期的に監査法人の監査を受け、発行済みコイン以上の額の顧客預かり資産を持つことを証明する

必要があります。また、多くの発行会社は、信託会社・信託銀行を利用して顧客預かり資産の分別管理を行うことで、資産管理の透明性を向上させています。

■ 法定通貨担保型のステーブルコイン

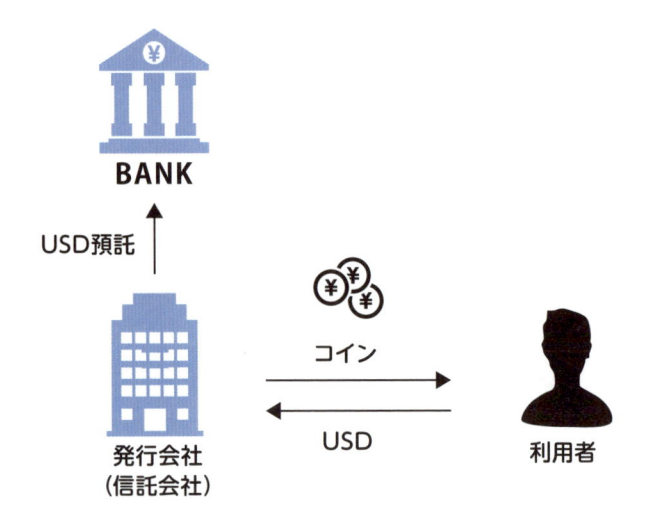

法定通貨担保型を採用する主要なステーブルコインとして、Tether、GUSD、USDC、TUSD、PAXなどがあります。

◉ 仮想通貨担保型（オンチェーン型）

仮想通貨担保型は、ブロックチェーン上にデポジット（預託）された仮想通貨を担保としてステーブルコインを発行します。主にDAIという通貨が該当しますが、ユーザーはイーサリアム上のスマートコントラクトにEther（正確にはERC20に変換したPETH）を担保として預託し、DAIという1ドルに固定されたステーブルコインを受け取ります。このブロックチェーン上に預託されたEtherは、いつでも払い戻すことができます。また、預託する担保額は発行するステーブルコイン額の1.5倍以上を差し出すことになっています。これは、Etherの価格が急落した場合でも、担保額がステーブルコインの発行額を下回らないようにするためです。

■ 仮想通貨担保型のステーブルコインDAI

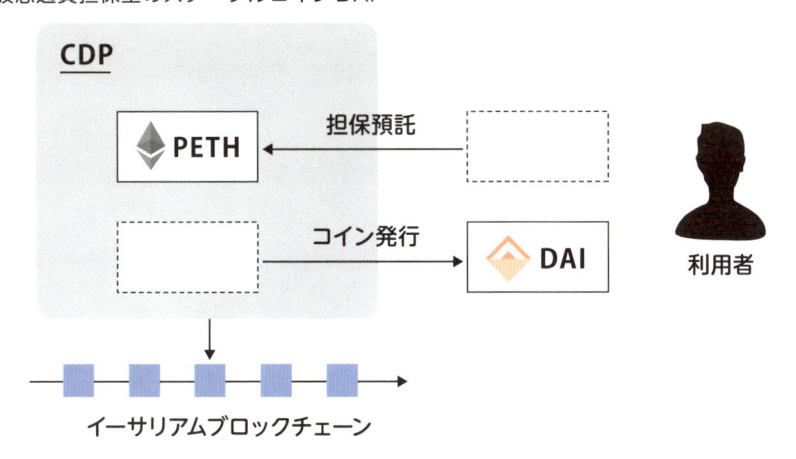

仮にEtherの価格が急落し、担保額がステーブルコイン発行額の1.5倍を下回った場合、Etherの預託分が強制的にロスカットされます。このとき、ユーザーは13%のペナルティチャージを徴収されるため、余裕を持った担保率を設定し、危機回避を図るインセンティブがあります。

この仮想通貨担保型は、担保の管理もブロックチェーン上で完結するため、**オンチェーン型**とも呼ばれています。

● 無担保型（アルゴリズム型）

発行する供給量をブロックチェーン上のスマートコントラクトで制御することで、担保なしでステーブルコインを発行する方式を、**無担保型（アルゴリズム型）**と呼びます。この方法では、コイン以外に、シェアトークンを発行します。シェアトークンは、コインのオークションへの参加チケットの役割があり、供給量が固定されているため、価格は大きく変動します。通貨価格の変動に応じて、投資家が対シェアトークンでコインを売買することで価格が安定化します。これは、中央銀行が行っている通貨安定の仕組みをアルゴリズムで実現しており、通貨発行益（シニョリッジ）をシェアトークン保有者が享受することから、シニョリッジ・シェアと呼ばれます。

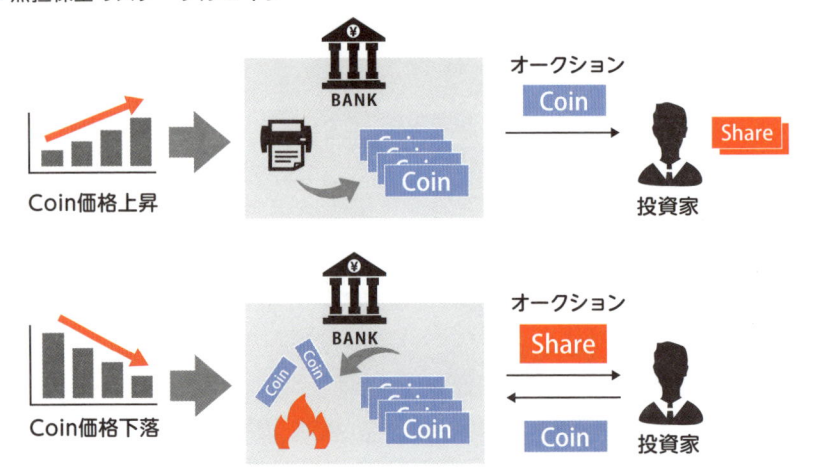

　無担保型では、通貨の価格が1ドルより上昇した場合、通貨を追加発行し、シェアを保有している人に対して無償で割りあてます。これにより、通貨の価値が希薄化し、価格が下がることになります。また、通貨の価格が1ドルより下落した場合には、通貨を対シェアトークンで市場から買い集め、破棄（Burn）します。こうすることで、需給が引き締まり、価格が上昇します。

　無担保型のステーブルコイン発行を目指す主要なプロジェクトには、BasisやSagaがありますが、Basisは2018年12月に、「プロジェクト内で発行するトークンが有価証券にあたってしまう」として、プロジェクト中止を発表しました。

● もっとも発行量が多いステーブルコイン：Tether

　Tether（テザー）は法定通貨担保型のステーブルコインで、ビットコインブロックチェーン上に記録されるOmniトークンとイーサリアムのERC20など複数のプラットフォームで発行されています。Tether社が保有する法定通貨と同額のTetherを発行するプロセスは、**Proof of Reserves（PoR）**というシステムによって成り立っています。

　PoRでは、担保の管理と新規のTetherの発行はTether Limitedという運営母体が行います。ユーザーがTether社の銀行口座にドルを入金すると、Tether社が同額のTetherを発行し、ユーザーのアカウントに割りあてます。逆にユーザー

がTetherを返金すると、Tether社はそれを消滅させ、同額のドルがユーザーの銀行口座へと振り込まれます。このようにして、**PoRでは担保総額と発行総額が等しくなる**ようになっています。

　実際には、TetherはTether社を信用するモデルになっているため、信用リスクが存在します。市場では、Tether社が本当に発行しているTetherと同額以上の担保を有していないと指摘されており、これは「テザー疑惑」と呼ばれています。

まとめ

- ▶ ステーブルコインは価格が安定した仮想通貨で、主に決済用途で開発されている
- ▶ 裏づけ資産で価値を担保するものや、アルゴリズムで価値を安定させるものがある

52 ICO と STO
～仮想通貨発行による資金調達

ブロックチェーン上で発行されるトークンを使用した資金調達は、主にICOとSTOの2種類があります。ICOは主に何らかのサービス利用権としてのトークン（ユーティリティトークン）を発行するもので、STOは株や債券などの各国の証券法に準拠したトークンを発行します。

● ICO (Initial Coin Offering) とは

ICO は、仮想通貨を使った資金調達です。イーサリアム等の仮想通貨を投資家や潜在ユーザーから受け取り、その対価として独自のトークンを投資家・潜在ユーザーに割りあてます。調達した資金は、特定のプロダクトの開発やマーケティングに使用されます。クラウドファンディングに似ている面もありますが、割りあてられたトークンが、後に開発されるプロダクトやプラットフォーム上での利用券などとして機能する点が異なります。また取引所に上場した場合には、トークン自体に市場価値がつき、売買が可能となります。

■ ICOの流れ

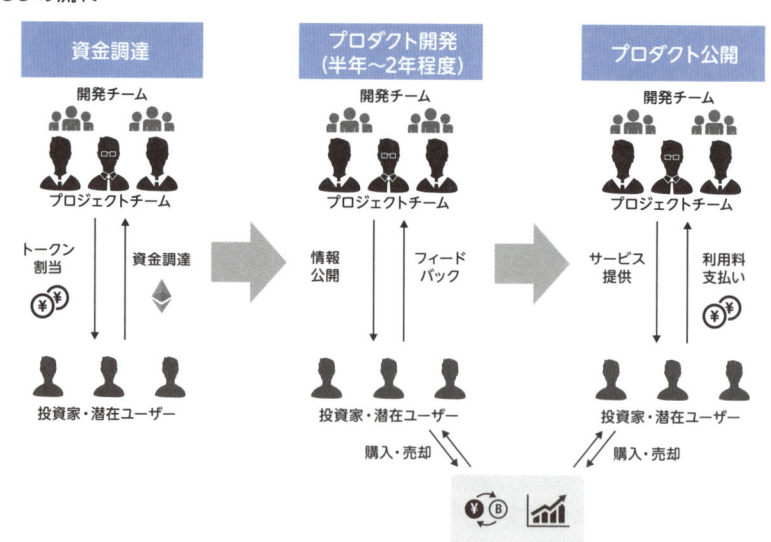

2017～2018年、ICOは多く実施され、2018年の1年間では世界中で165億ドルもの資金調達が行われました。ただし、2019年3月現在ではビットコインへの投資熱の落ち着きや、各国の金融当局による消費者保護の規制が動き出していることから、ICOの勢いは落ち着きつつあります。

参考：

Coingecko社：https://assets.coingecko.com/reports/2018-Full-Year-Report/2018-CoinGecko-Report-Japanese.pdf

● ICOの特徴

よく言葉が似ていることから、ICOとIPO（株式上場による資金調達）が比較されることがあります。ただし、経営者から見ると、ICOとIPOはまったく異なる資金調達手法であり、「ICOとIPO、どちらで資金調達しようか」と考えられるものではない、ということに注意が必要です。IPOで調達した資金は、設備投資や企業買収など、あらゆる用途で利用することができますが、ICOは、ブロックチェーン上で何らかの非中央集権サービス（またはプロトコルそのもの）を開発する場合に利用される資金調達手法です。それらの特徴をまとめると、以下のようになります。

■ ICO（トークン発行による調達）とIPO（株式上場による調達）の違い

	IPO (Initial Public Offering)	ICO (Initial Coin Offering)
調達額	数億～数十億円（平均20億円程度） — うまくいけば100億を超えることもあるが、まれである	数億～上限はなし — 企業規模や、成長ステージによってさまざま
資金使途	サービスの開発費や運営費等に活用できる — 株式などと違い、投資リターンをトークン購入者に配当で返すことはできない	企業の自己資本となるため原則として資金使途の縛りはなく、何にでも活用できる
準備プロセス	明確なプロセスなし — それゆえに詐欺が横行	上場の準備だけで数年程度が必要
社会的評価	ICO実施により知名度は上がるものの、特にそれが実施体の評価になることはない	株式市場に上場している事実により、取引先や投資家、採用活動への応募という観点で、高い信頼が得られる

● ICOの課題

　ICOが盛り上がった際には、実際にプロダクト開発をするつもりがないのに、ホワイトペーパーを作り込み、不正に資金調達を行おうとするICOが多数現れました。明らかに違法な勧誘をしているケースならまだしも、精巧に作り込まれたホワイトペーパーで正しい手順で行われたICOは詐欺と見抜くのが難しく、結果として騙されてしまった投資家が多かったようです。これは、明確な法規制やプロセスがなく、誰でもICOを行えたために起きた悲劇だといえます。

　米国では、「資金調達が有価証券に該当するか否か」を判断する実務上のガイドライン（Howey testと呼ばれる）があり、それによると「第三者への資金投資のリターンがその者（第三者）の努力に依拠する場合、その投資は証券に該当する」と判断されます。そのため米国において行われたICOの大部分は、SEC（証券取引委員会）により証券と判断されます。そして証券登録をせずにICOを実施した場合、証券法違反と判断されてしまいます。このように、国によってICOの法的位置づけが異なっているため、実務上全世界で同時にトークンを販売することは難しくなっています。

● ICOの今後の見通し

　日本では、ICO時のトークン販売には認定された仮想通貨交換業者であるか、彼らに委託する必要があったため、実質的にICOが難しい期間がありました。2019年以降、自主規制団体であるJVCEAからICOの自主規制ルールが公開されるなどの動きがあります。交換業者が販売するICOを「**IEO (Initial Exchange Offering)**」といいますが、日本では、発行体は仮想通貨交換所に委託してトークンを販売することになると思われます。

● STO (Security Token Offering) とは

　ブロックチェーンの特長を生かしつつも、既存の証券法に準拠してトークンを発行するのが**STO**です。ICOとの大きな違いは、各国の既存の有価証券法に則って組成されること、特定の国のKYC（本人確認）済みの投資家のみに販

売されることです。従来のIPOにおける株式を、ブロックチェーン上でトークンとして発行するイメージです。このSTOの実現に向けた取引プラットフォームのプロジェクトも数多く存在し、開発が活発に進められています。

● セキュリティトークン

セキュリティトークンとはブロックチェーン上で証券（株など）をトークン化したもののことをいい、STOで取引されるトークンです。ここで、セキュリティトークンの事例としてAspencoinを紹介します。

■ Aspencoin

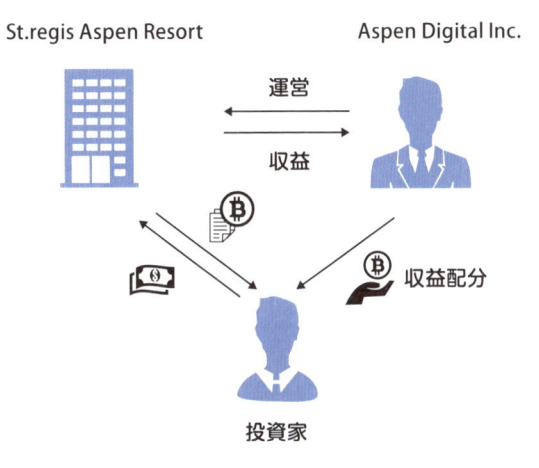

Aspencoinは、リゾート地であるSt. Regis Aspen Resortの不動産のセキュリティトークンです。投資家はAspencoinを購入することでSt. Regis Aspen Resortを運営しているAspen Digital Inc.の株を保有でき、運用益を受け取ることができます。このように、セキュリティトークンは証券と同じように機能します。

● STOの特徴

STOと従来の証券取引を比較すると、以下のようなメリットがあります。

・配当の分配、議決権の行使などをスマートコントラクトで自動化できる
・不動産や金融資産の所有権や収益分配権の小口化が可能
・証券取引の約定・決済にかかる時間が、最短で数分程度まで短くなる
・KYC済みの投資家間なら、P2Pで直接譲渡できるようになる

これまでのIPOでは、主幹事証券会社が販売条件・価格決め、証券取引所・財務局との交渉、投資家への営業など、上場の準備をすべて担っていました。しかし、STOプラットフォームが実現すると、これらの役割は不要になってしまいます。もちろん、証券を組成するためのアドバイス、各国の法律を熟知した弁護士、KYCを実施する業者などは必要です。ただ、これらは個別に業者に依頼することになり、上場プロセスを一手に担う証券会社という位置づけがなくなってしまう可能性があります。

● STOプラットフォーム　Polymath

Polymath は、STOプラットフォームを開発しているプロジェクトの1つで、ブロックチェーン上で金融商品の取引を可能にしようとしています。STOプラットフォームではセキュリティトークンの発行・取引は証券法に則っているため、法令遵守しているか確認する弁護士や、トークンの発行体・投資家に対するKYCを実施する業者などが必要となります。特にPolymathでは、トークン発行体は、プラットフォーム上で「弁護士・法律事務所」や「開発者」「KYCプロバイダー」等を入札により選定して利用することになります。

Polymathでサービスを提供した法律事務所や開発会社などは、Polymathが発行する独自トークンであるPOLYトークンによって報酬を受け取ります。セキュリティトークン発行後、KYC済みの投資家であれば、セカンダリーマーケットでのトークン取引も行うことができます。

■ Polymath プラットフォームにおける発行体のトークン発行プロセス

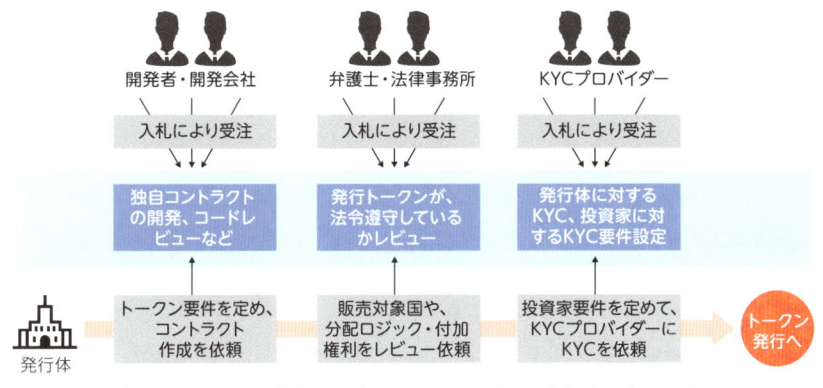

・必要なドキュメントは公開されており、そのハッシュもイーサリアムのブロックチェーンに記録される

参考：Polymath ホワイトペーパー

◉ STOの今後の見通し

　実際には、STOが市場に浸透するにはまだ時間がかかると見込まれているため、大手の証券会社は対抗策を全面的に打ち出してはおらず、動向を見守っています。ただ、今後STOが普及し、既存の株式市場の参加者がSTOプラットフォームに流れたとき、証券会社としても自身でSTOプラットフォームを立ち上げる、または既存の大手プレイヤーと提携するなど、何らかの対抗策を打ち出してくるでしょう。

まとめ

▶ ブロックチェーンを利用した資金調達方法としてICOやSTOがある

▶ ICOでは、主に将来開発するサービスの利用権としてのトークンを発行する

▶ STOでは、株・債券のような有価証券としてトークンを発行して資金調達を行う

7

ブロックチェーンの最新動向

53 トークンエコノミー
〜トークンを介した新たな経済圏の創出

トークンはコミュニティ内で経済的インセンティブとして利用されることがあります。ここでは、このトークンを介して形成される小さな経済圏 (トークンエコノミー) の仕組みを学びましょう。

● トークンエコノミーとは？

トークンエコノミーとは、トークン (仮想通貨) とエコノミー (経済) を組み合わせた、新しい言葉です。ハッシュ関数や公開鍵暗号、デジタル署名という暗号技術と、ブロック報酬や手数料収入をマイナーに付与するという経済的インセンティブの組み合わせによって、自律的に維持・拡大する小さな経済圏のことをトークンエコノミーと呼びます。

ビットコインのマイニングを例に取り、経済的インセンティブの仕かけを説明しましょう。ビットコインのネットワークを支えるノードは、ハードウェア購入費用と電気代を投下してマイニングを行うことで、ブロック報酬と送金手数料を収入として得ることができます。この経済的インセンティブを得るために、現在では多くのマイナーが参入しており、莫大な金額を投資しています。それにより、ビットコインのハッシュパワーが大きくなり、結果としてビットコインのセキュリティは高まっているのです。

ビットコインネットワークへの攻撃を想定してみましょう。攻撃者は攻撃によってビットコインを手に入れて、得をしたいと考えます。しかし以下のような理由により、損をしてしまうことが想定できます。

・攻撃に失敗すると、攻撃に使用したたくさんのハードウェアと電気代が無駄になる
・攻撃するだけの大きなパワーがあると、最初から正直にマイニングするほうが得をできる可能性がある
・仮に攻撃に成功した場合、ビットコインの安全性が低いことが知られてし

まい、獲得したビットコインの価値が下がってしまう

　ビットコインのノードは、これらの理由から、不正をしても得をしづらいことがわかります。このように、個々のマイナーが正直に自分の経済的利益を追求すれば、結果としてビットコインのセキュリティが高まるように設計されているのです。

● フリーライダー（タダ乗り）問題の解決

　ビットコインのP2Pネットワークは、それ以前のP2Pネットワークとネットワーク維持のための動機の設計が異なります。それは従来P2Pネットワークが抱えていた「タダ乗りの問題（フリーライダー問題と呼ばれる）」をプラットフォームに組み込まれた独自トークンによって、解決したことです。

　従来のP2Pネットワークは主にファイル共有に使われていました。各ノードがそれぞれに違う音楽のファイルを持っているとき、あるファイルを欲しいノードは、そのファイルを持っているほかのノードにリクエストを送って、欲しいファイルを手に入れます。こうして相互に欲しいファイルを共有し合う仕組みになっています。

　しかし、ノードは自分のコンピューターをネットワークに接続し続けるには、帯域も使い、電気代もかかります。したがって欲しいファイルを受信するときだけネットワーク接続して、それ以外のときは接続しない人が多くなってしまう問題がありました。これでは、P2Pネットワークは持続することができません。

　これを、P2Pネットワークのフリーライダー問題といいます。そのため、従来のP2Pファイル共有システムでは、ダウンロードをするための条件として、「ファイルをアップロードする」、「オンラインに一定時間以上いる」などを設定していました。

■ 従来のファイル共有

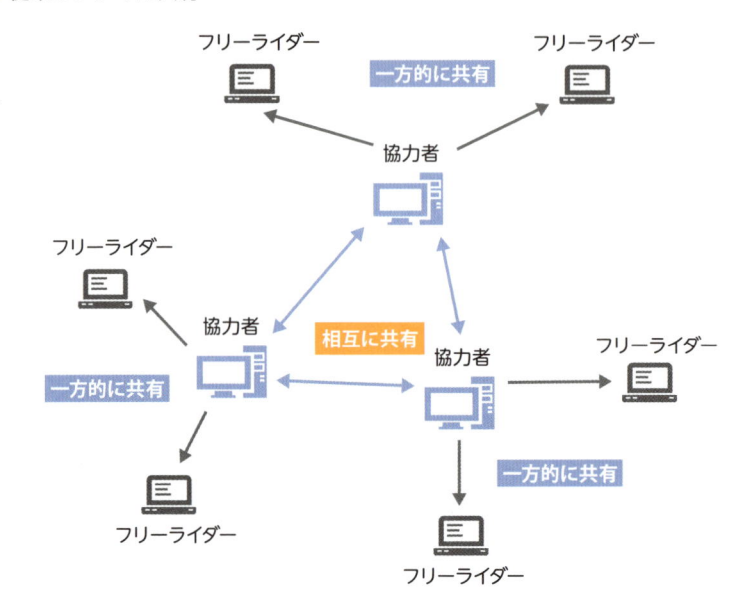

　一方、ビットコインでは、ブロック報酬と手数料収入によって、セキュリティの維持に必要なたくさんのハードウェア代と電気代をまかなっています。この経済的報酬により、ビットコインネットワークではフリーライダー問題が発生せず、ネットワークが持続可能になります。

■ ビットコインネットワーク

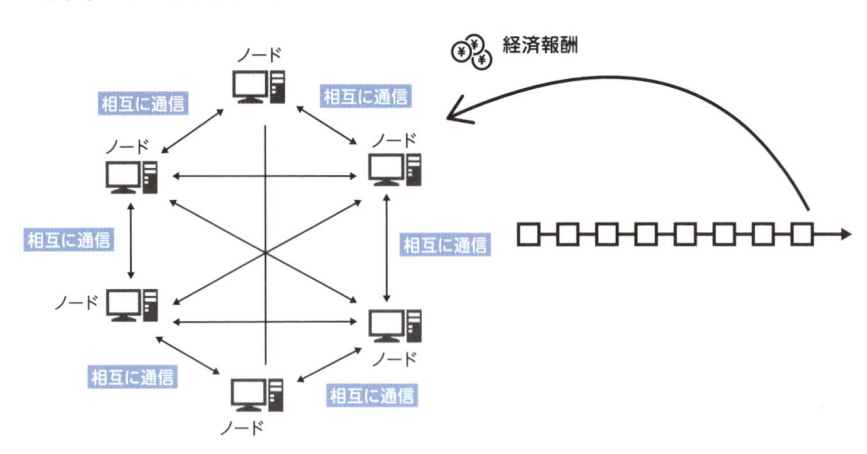

ここでもっとも重要なことは、この独自通貨（この例ではビットコイン）が仮想通貨取引所で取引できるような金銭的価値を持つということです。報酬として与えられたとしても、金銭的価値がないものだったら、インセンティブにはなり得ません。

● イーサリアム上に多数構築されているトークンエコノミー

　イーサリアムでは、ERC20という一般的な通貨として利用できるトークンの規格があり、自由にトークンを発行し流通させることが可能です。トークンは通常、非中央集権型のサービスやアプリケーションの利用権として発行されます。そのため、その非中央集権型のサービスやアプリケーションの利用権としての金銭的価値がつき、仮想通貨取引所で取引されるようになります。これが例えばビットコインなら、ネットワーク上で「いつでも」「どこでも」通貨として利用でき、国をまたいで送金できるということが、大きな利用価値といえるでしょう。

　以下ではALISのトークンエコノミーや、Bounty Programの仕組みを通して、トークンの価値のつき方を説明していきます。

● 例1：ALISの仕組み

　日本において有名なブロックチェーン関連プロジェクトの1つに、「**ALIS**」があります。ALISは信頼性の高い記事と素早く出会えるソーシャルメディアの構築を目指しています。その独自トークンは、ALISトークンと呼ばれます。

　ALISでは、記事の投稿者は、「いいね」がたくさんつく読者に有益な記事を寄稿することで、経済的インセンティブとしての「ALISトークン」を付与されます。また、読者はためになる記事に最初のいいねを押すことで、同じく経済的インセンティブとしてのALISトークンを付与されます。しかし、やみくもに「いいね」を押した場合、逆に評価が下がってしまうこともあります。ALISではよい記事に「いいね」をすることや「保有するトークンの数や期間」「読者のクラスター（同じ特徴を持つグループ）」に応じて、ユーザーの信頼度をスコアリングしています。そしてそのスコアに応じて「いいね」の重みが変化します。

つまりユーザーはトークンをより「多く」、より「長く」所有することで、より多くの報酬を獲得できます。

　ALISではこのようにグッド・スパイラルを形成することで、良記事を集めやすくしています。ユーザーは獲得したトークンを使って、応援したい寄稿者の記事に投げ銭をすることや有料記事に課金することもできます。そして仮想取引所を通してALISトークンを換金できるため、経済的価値も保証されているのです。

■ ALISの全体図

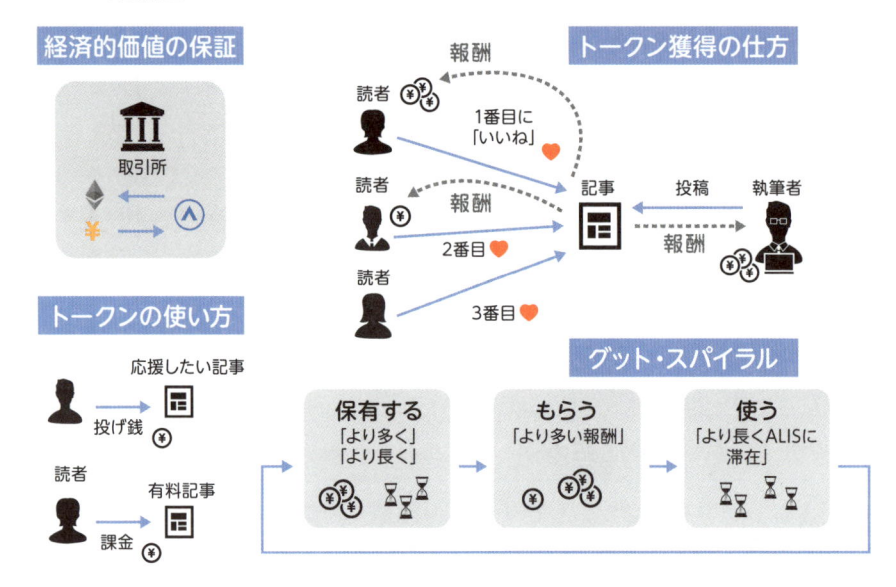

● 例2：報酬制度の仕組み

コミュニティにプラスになる何らかの行為をした場合、報酬としてそのトークンが付与される仕組みを**バウンティ・プログラム（報酬制度）**と呼びます。例えば、トークンの販売時にほかのユーザーをコミュニティに紹介することで報酬を獲得する仕組みや、公開されているコードのバグを発見した場合、それを修正することで報酬が支払われる仕組み（バグ・バウンティと呼ばれる）があります。活用例として、オープンソース開発のための報酬システムであるGitcoinなどがあります。

■ バウンティ・プログラム

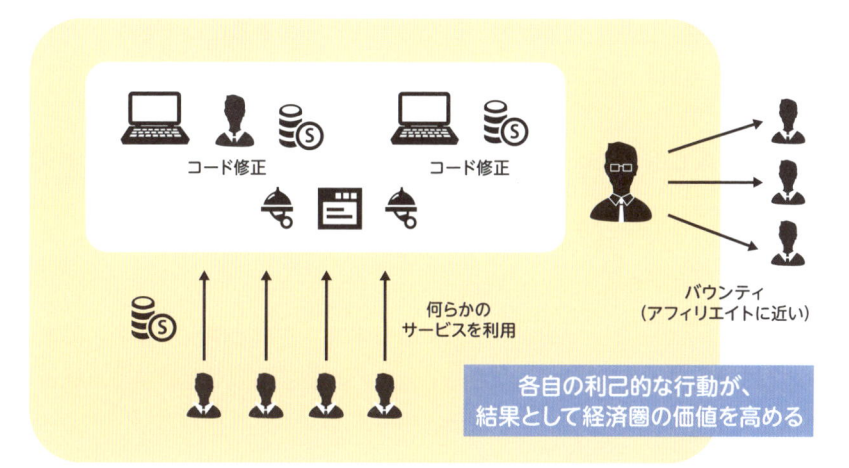

まとめ

▷ トークンエコノミーとは、あるトークンを介して形成される小さな経済圏

▷ トークンを使って参加者に経済的インセンティブを与える仕組みが存在する

54 ブロックチェーン学習の手引き

本書の最後に、今後のブロックチェーンをより深く知りたい人のために学習の手引きとして、参考となる書籍やメディア・ツール類などを紹介していきます。

● 書籍（国内）

以下では、主にブロックチェーンを技術面で学習していくのに、参考になる本を紹介します。技術の進展が著しいため、これらの書籍だけではなく、最新の本やドキュメント、ブログを読むことをおすすめします。

『いちばんやさしいブロックチェーンの教本　人気講師が教えるビットコインを支える仕組み』
杉井靖典（著）、インプレス、2017

多くのブロックチェーン初学者が手に取る本で、本書と同レベルの入門本です。本書で扱っていないトピックもあるため、もう少し入門書で学びたいという方は手に取ってみるとよいでしょう。

『ビットコインとブロックチェーン：暗号通貨を支える技術』
アンドレアス・M・アントノプロス（著）、今井 崇也（翻訳）、鳩貝 淳一郎（翻訳）、エヌティティー出版、2016

この本は原題が『Mastering Bitcoin』と呼ばれ、ビットコインの技術的な仕組みを学ぶ本であり、ブロックチェーン業界ではバイブルとして位置づけられています。GitHub上で執筆されており、無料でも閲覧可能です。

『ブロックチェーンアプリケーション開発の教科書』

加嵜 長門（著）、篠原 航（著）、丸山 弘詩（編集）、マイナビ出版、2018

　DAppsを開発するにあたって、重要なフレームワークやスマートコントラクトの脆弱性について学ぶことができます。

『試して学ぶ スマートコントラクト開発』

加嵜 長門（著）、篠原 航（著）、金 志京（著）、河西 紀明（著）、田中 克典（著）、佐々木 亮彰（著）、平野 浩司（著）、前川 彰（著）、DMM.comブロックチェーン研究室（著）、丸山 弘詩（編集）、マイナビ出版、2019

　上級者向けではありますが、ブロックチェーンアプリケーション開発の教科書の第2弾に位置づけられる本で、内容は豊富で、最新です。

◉ 書籍（海外）

　ブロックチェーン関連の本は、日本語より英語の方が多く出版されています。英語でも読み進められる方にはおすすめです。

『Mastering Ethereum: Building Smart Contracts and DApps』

Andreas M. Antonopoulos（著）、Gavin Wood Ph. D.（著）、
O'Reilly Media、2018

　『Mastering Bitcoin』の著者が執筆した、イーサリアムの技術書です。イーサリアムブロックチェーンの説明に加えて、DApps開発やトークン発行など、スマートコントラクトについてかなり本格的に解説されています。

● メディア（国内）

　仮想通貨やブロックチェーンの情報を総合的に配信している有力なメディアを紹介します。

・仮想通貨 Watch
　Impress Watch の中の仮想通貨・ブロックチェーンに特化したニュースサイト
　https://crypto.watch.impress.co.jp/
・Coin Choice
　仮想通貨に投資したい人向けの総合情報サイトです。豊富なライター陣を抱え、トレード情報に限らない豊富なオリジナル記事を配信しています。
　https://coinchoice.net/

● メディア（海外）

　日本語で最新の情報にキャッチアップするには限界があります。以下のメディアの記事のように、今後学習が進むにつれて、英語での情報収集が必要になってくるでしょう。

・CoinDesk
　ブロックチェーン・仮想通貨の業界で世界最大のデジタルメディアです。年に一度「Consensus」という世界的に有名なカンファレンスも開催しています。2019年2月には CoinDesk Japan が設立され、良質な記事が日本語で読めるようになりました。
　https://www.coindesk.com/
　（日本語版：https://www.coindeskjapan.com/）
・Cointelegraph
　仮想通貨・ブロックチェーン関連のニュースで影響力のあるメディアの1つです。グローバルの最新動向をタイムリーに配信しており、日本語版サイトもあります。1つ1つの記事に特徴的なイラストが施されていることでも有名です。
　https://cointelegraph.com/
　（日本語版：https://jp.cointelegraph.com/）

◎ コミュニティ（国内）

・d10n lab

暗号資産・ブロックチェーンに関する考察のレポートを週に4〜6本配信
していて、過去のレポートも含め、たくさんのレポートを利用できるコミュ
ニティオンラインサロンです。facebookを通して、交流ができるようになっ
ています。

https://d10nlab.com/

・Cryptoeconomics Reserch

Cryptoeconomics系のセキュリティや行動経済学的な性質について学際的
に議論することを目的としたコミュニティです。

https://research.cryptoeconomicslab.com/

・Hi-Ether

日本国内のイーサリアム・エンジニアのためのコミュニティです。過去に
数回のイベントを開催しています。

https://hi-ether.org/

◎ コミュニティ（海外）

・Ethereum Stack Exchange

イーサリアムに関するQuestionやAnswerができるサイトです。

https://ethereum.stackexchange.com/

・Ethereum Research

Sharding、Plasma、Casperを中心にイーサリアムに関する多くの先進的
な議論がされています。

https://ethresear.ch/

・reddit

アメリカにある、世界最大級の掲示板サイトです。ブロックチェーン関
係のニュースやコミュニティがあります。

https://www.reddit.com/

● オンライン学習

- LayerX Research

  ブロックチェーン専門のテクノロジー企業LayerXの知見が詰まった scrapboxがあります。

  https://scrapbox.io/layerx/

- Will it Scale

  Solidityを丁寧に学べるYouTubeチャンネルです。

  https://www.youtube.com/channel/UCaWes1eWQ9TbzA695gl_PtA

- Dapp University

  イーサリアム上でのDApps構築を学ぶためのYouTubeチャンネルです。

  http://www.dappuniversity.com/

- b9lab

  ブロックチェーンに関する学習講座を多く置いてあるオンライン学習サイトです。

  https://b9lab.com/

● ブロックチェーン・エクスプローラ

　ブロックチェーン・エクスプローラ（explorer）とは、ビットコインやイーサリアムといった仮想通貨が持つブロックチェーン（分散型台帳）の情報を検索するサイトです。主に価格、ハッシュレート、難易度、トランザクション数、手数料、採掘者が確認できます。主なものを紹介します。

- Blockchain.com

  https://www.blockchain.com/

- Etherscan.io

  https://etherscan.io/

- Bitcoin.com

  https://explorer.bitcoin.com/bch

● ドキュメント

　Web上に公開されているブロックチェーン関係のドキュメントです。以下以外にもたくさんあるので、探して読んでみてください。

- ・Bitcoin Wiki

  https://en.bitcoin.it/wiki/Main_Page
- ・Ethereum Wiki

  https://github.com/ethereum/wiki/wiki
- ・ビットコイン：P2P 電子マネーシステム

  https://coincheck.blog/292
- ・イーサリアム・ホワイトペーパー

  https://github.com/ethereum/wiki/wiki/%5BJapanese%5D-White-Paper
- ・Solidity docs

  https://solidity.readthedocs.io/en/develop/#

● その他

　以下『Introducing Ethereum and Solidity』（Apress社）のサイトに、イーサリアムエコシステムに関係する個人や企業が掲載されています。

　http://ecosystem.eth.guide/#resources-abi

索引 Index

数字

0-confirmation 237

1 号仮想通貨 133

2 号仮想通貨 133

A 〜 G

AirBie 212

ALIS 275

Anti-Sybil トークン 243

Aspencoin 269

Augur 208

Basis 264

BFT 114

BIP 28

Bitcoin Core 28, 87

BitcoinJ 87

Block Producers 190

Block Withholding Attack 121

Brave 35

Byzantium 229

CA 185

CApps 180

CEX 209

Coin Age 159

Compact Block Relay 93

Compound 213

ConsenSys 29

Constantinople 229

Corda 30

Cosmos 254

Counterparty 20

CryptoKitties 259

DAI 213, 262

Decred 162

DEX 209

DNS Seeds 87

DOT 253

DPoS 161, 190

ECDSA 99

EIP 29

EOA 185

EOS 161

EOS Core Arbitration Forum 191

EOS RAM トークン 192

ERC 29, 187

ERC20 187

ERC721 258

Ethereum Research 29

EVM 184, 186

Frontier 229

GUSD 262

H 〜 P

Homestead 229

Howey test 268

Hyperledger Caliper 30

Hyperledger Composer 30

Hyperledger Fabric 30

Hyperledger Iroha 30

Hyperledger Project 30

Hyperledger Sawtooth 30

IDEX 210

IEO 268

IPFS 125, 205, 211

IPO 267

Istanbul 230

L-BTC 171

Liquid Network 171

LISK 161

MetaMask 181

Metropolis 229

M-of-Nのマルチシグ 142

Monacoin 21, 245

Monero 235

NEM 161

NEO 167

NFT 257

node 43

N-of-Nのマルチシグ 142

Nonce 54

Omni 20

Open Assets 21

P2P送金 32

P2Pネットワーク 43

PAX 262

PBFT 164

Peer 87

Peercoin 162

PKI 232

PoA 162

PoI 161

Polkadot 253

Polymath 270

POLYトークン 270

PoR 264

PoS 158, 226

PoW 61, 154

PPLNS 74

PPS 73

Proof of Stake 158

Proof of Work 61, 154

Proof Shield 206

Provable 204

R ～ Z

R3 198

Randomized Proof of Stake 159

Rootstock 170

Saga 264

Satoshi 55

Segwit 70

Serenity 229

SHA-256 ハッシュ関数 111

Short Transaction ID 93

sibling 67

Slasher 247

Solidity 184

SPV 83

Stale block 77

Tether 262, 264

TPS 132

TUSD 262

uPort 211

USDC 262

UTXO 49, 149

Winny 125

Worker Proposal System 191

XRP 167

ZCash 234

zk-SNARK 234

あ行

アーカイブノード 81
アカウントモデル 150
アトミックスワップ 251
アルゴリズム型 263
アルトコイン 20, 133
イーサリアム 21
イーサリアム仮想マシン 184, 186
イーサリアム財団 29
一方向関数 61
ウォレット 40, 86, 136
エクリプスアタック 242
オーファンブロック 67, 76
オーファンブロックプール 78
オフチェーン型 221, 261
オンチェーン型 221, 262

か行

確定的状態マシン 118
確率的ファイナリティ 41
仮想通貨担保型 262
仮想通貨バブル 217
兄弟姉妹チェーン 67
共通鍵暗号 98
クライアントサーバー 43
クラウドマイニング 71
軽量クライアント 82
合意プロトコル 154
公開鍵..........................99, 104, 142, 232
公開鍵暗号...98
コールドウォレット 138
コンセンサス・アルゴリズム..........65, 154
コンソーシアムチェーン 26
コントラクト 21

コントラクト・アカウント 185
コンパウンド 213
コンファーメーション..........................121

さ行

採掘者 58
採掘難易度 56, 156
サトシ・ナカモト 20
ジェネシスブロック 56
衝突耐性 110
承認 121, 142, 158, 237
承認ノード..............................164, 167
シングルシグ 141
スケールアウト 221
スマートコントラクト..........189, 202, 257
セキュリティトークン..........................269
ゼロ知識証明...234
剪定ノード...81
相互運用性...250
双方向ペイメントチャネル 222
双方向ペグ...169
ソフトフォーク 68

た〜な行

中央管理型データベース 123
中央集権型取引所...................................209
テザー..262, 264
デスクトップウォレット 139
電子契約 175
電子マネー..128
ドージコイン 20
トラストレス 15, 146, 251, 256
トランザクション....................................40
トランザクション手数料................96, 192

トランザクションの年齢 96
トランザクションプール 66
トレーサビリティ 32
ナカモト・コンセンサス 118
ナンス..54
ノード 43, 86

は行

ハードウェアウォレット 139
ハードウォレット 139
ハードフォーク 68
バウンティ・プログラム 277
ハッシュ関数.................................53, 60
ハッシュ値...53
ハッシュの衝突 110
パブリックチェーン 24
ピア 87
ビザンチン障害耐性 114, 163
ビットコイン...............................38, 69
ビットコインウォレット 40
ビットコインキャッシュ 69
秘密鍵.............................99, 104, 142, 251
フォーク 68
不可逆関数..61
プライベートチェーン.............................24
ブラウザーウォレット............................140
フルノード..81
ブレインウォレット 140
ブロードキャスト 44
ブロック 52
ブロックチェーン...................................10
ブロックチェーンデータベース 86
ブロックヘッダ 53
分岐 68
分散型合意システム 154

分散型データベース 124
分散型取引所 209
分散コンセンサス 154
分散デジタルIDサービス 211
ペーパーウォレット 139
ヘデラ・ハッシュグラフ 167
ペンディングトランザクション 95
報酬制度...277
法定通貨担保型 261
ホットウォレット 137

ま行

マークルツリー 111
マージマイニング 170
マイクロペイメント 35
マイナー 58
マイニング 86
マイニングプール...................................71
前払式支払手段 133
マルチシグ 251
未使用残高...................................49, 149
未承認トランザクション 95
無担保型 263
メモリプール 66, 95
モナコイン.................................21, 245
モバイルウォレット 140

ら行

ライトコイン.......................................20
ライトノード.......................................82
リアルタイムペイメント 35
リップル...167
ルーティング.......................................86
ルートハッシュ 112

┃ 著者プロフィール ┃

志茂 博（コンセンサス・ベイス株式会社 代表取締役）

古くからブロックチェーンに関わり、ソフトバンク、大和証券グループ、日本証券取引所など業界大手のブロックチェーン実証実験など数十以上の案件の経験とノウハウを持つ。NECとの共著のビットコイン、イーサリアム本の出版など数多くのブロックチェーン技術の本、雑誌、記事を執筆。経済産業省「ブロックチェーン検討会」委員も務める。

半田 昌史（コンセンサス・ベイス株式会社 コンサルティング部長）

ブロックチェーン専門企業コンセンサス・ベイスにてビジネスコンサルティングの責任者を務め、大手上場企業や暗号資産取引所のブロックチェーン事業の戦略立案プロジェクトを統括。以前は、マッキンゼー＆カンパニーにて、金融機関のクライアントを中心に事業戦略策定、組織再編、オペレーションコスト削減、企業買収のビジネスDD等、各種コンサルティングプロジェクトに従事。

高畑 祐輔（コンセンサス・ベイス株式会社）

ブロックチェーン専門企業コンセンサス・ベイス にてインハウスエディタ、マーケティング、リサーチ等を担当。SEやコンサルタントなどを経験後、フリーランスのマーケター、ライター、ディレクターとしてサイト制作やWebメディア運営に携わっていたが、ブロックチェーン技術の可能性に惹かれてコンセンサス・ベイスに参画。

■ お問い合わせについて

・ ご質問は本書に記載されている内容に関するものに限定させていただきます。本書の内容と関係のないご質問には一切お答えできませんので、あらかじめご了承ください。

・ 電話でのご質問は一切受け付けておりませんので、FAXまたは書面にて下記までお送りください。また、ご質問の際には書名と該当ページ、返信先を明記してくださいますようお願いいたします。

・ お送り頂いたご質問には、できる限り迅速にお答えできるよう努力いたしておりますが、お答えするまでに時間がかかる場合がございます。また、回答の期日をご指定いただいた場合でも、ご希望にお応えできるとは限りませんので、あらかじめご了承ください。

・ ご質問の際に記載された個人情報は、ご質問への回答以外の目的には使用しません。また、回答後は速やかに破棄いたします。

■ 装丁	――――――	井上新八
■ 本文デザイン	――――	BUCH⁺
■ DTP	――――――	リブロワークス・デザイン室／三門克二（コアスタジオ）
■ 本文イラスト	――――	三門克二（コアスタジオ）
■ 担当	――――――	青木宏治
■ 編集	――――――	リブロワークス

図解即戦力
ブロックチェーンのしくみと開発がこれ1冊でしっかりわかる教科書

2019年9月14日　初版　第1刷発行

著　者	コンセンサス・ベイス株式会社
発行者	片岡 巌
発行所	株式会社技術評論社
	東京都新宿区市谷左内町21-13
	電話　　03-3513-6150　販売促進部
	03-3513-6160　書籍編集部
印刷／製本	株式会社加藤文明社

©2019　コンセンサス・ベイス株式会社

ISBN978-4-297-10636-2 C3055　　　　　　　Printed in Japan

■ 問い合わせ先

〒162-0846
東京都新宿区市谷左内町21-13
株式会社技術評論社 書籍編集部
「図解即戦力　ブロックチェーンのしくみと開発がこれ1冊でしっかりわかる教科書」係

FAX：03-3513-6167

技術評論社ホームページ
https://book.gihyo.jp/116